JN183071

『生活排水処理改革―持続可能なインフラ整備のために―』をつくる会◉編

生活排水処理改革

持続可能なインフラ整備のために

中央法規

まえがき

わが国は，これから人口が減り続ける国です。これは不可逆的な流れです。少子化対策で出生率が少々回復したぐらいでは，人口減少そのものに歯止めはかかりません。

私たちの暮らしを支える制度，システム，インフラは，大なり小なり，人口増加を前提に組み立てられてきました。ゆえに，人口減少社会では間尺に合わなくなっているものが少なくありません。

例えば，社会保障は，高齢者１人を支える現役世代の人口が減り，いわゆる「騎馬戦型」から「肩車型」へと人口バランスが変容するなかにあって，若年世代が高齢世代を支えるという従来の仕組みでは制度が破綻しかねない危機的状況にあります。

あるいは，道路，上下水道，電気，ガス，鉄道などのインフラは，人口減少の進む地域で料金収入や税収が減り，使う人（需要）も減り，それでも一定の水準は維持しなければならないという出口のみえないジレンマに直面しています。

人口減少社会は，私たちがこれまでで経験したことのない社会です。だからといって手をこまねいていれば，制度，システム，インフラそのものが立ち行かなくなります。今こそ，人口減少社会に見合うように，大胆に「仕様」を書き換える必要があるのです。

＊　　＊

本書は，「生活排水処理」に関するインフラをメインテーマとしています。生活排水処理インフラは，大きく分けて「下水道」と「浄化槽」の２種類があり，いずれもトイレや台所や浴室からの排水を浄化処理し，公衆衛生の確保，生活環境の向上，良質な水資源の保全の役割を担っています。

しかし，端的に言って，わが国では，下水道を多くつくり過ぎました。

人口のまばらな地域では，下水道による集合処理は経済的に成り立ちません。建物ごとに浄化槽を置いたほうがはるかに合理的です。しかし，わが国では数多の散村で下水道が選択されてきました。その結果，借金残高は現在 27 兆円。人口減少の局面では，たとえ計画通りに返済が進んでも，1 人当たりの借金残高が膨らみ続けることになります。

下水道は，いったん整備してしまうと，人口が減ろうが減らなかろうが，流れる汚水量が減ろうが減らなかろうが，住民が 1 人でもいる限り，撤収が困難なインフラです。しかも，老朽化に応じて，管路を更新していかなくてはなりません。すなわち，人口減少局面では，状況に柔軟に対応することができず，借金が雪だるま式に積み上がっていくリスクのあるインフラなのです。

このような不合理な選択がなされた最大の原因が，下水道への補助金であり，地方交付税による財政支援でした。詳しいことは本文に譲りますが，下水道普及のために，本来であれば利用世帯から納められた使用料だけで独立採算の運営を行うべき汚水処理事業に，多額のお金がつぎこまれてきました（今もつぎこまれています）。そのために，浄化槽という対抗馬が押しやられ，トータルコストの大きい下水道が選ばれてきたというわけです。

補助金や地方交付税は，もとはといえば納税者一人ひとりの納めた税金。つまり，不合理で間違った選択のツケを，国と国民全体で払っているということです。よしんば，右肩上がりの人口増加社会であれば，まだ許容できたことかもしれませんが，残念ながら人口は減る一方です。いつまでも，このような「不都合な真実」を放っておくわけにはいきません。

本書は，こうした構造にメスを入れる，おそらくは初めての書籍であるものと自負しています。

*　　　*

本書は 4 章構成となっています。結論から知りたいという方は，第 4 章からお読みください。順を追って理解したいという方は，第 1 章から順番にお読みください。

第 1 章は，わが国が現在置かれた状況をマクロに捉えるパートです。

人口と財政という点から，今何が起こっているか，これから何が起ころうとしているかを捉えるとともに，人口減少下でも持続可能なインフラとするための課題と方向性を探っています。

第２章から，本書のメインテーマである「生活排水処理」の話が始まります。第１節で「集合処理」（≒下水道）と「個別処理」（≒浄化槽）の特徴やメリット・デメリットを詳述し，第２節で現在の整備状況を俯瞰します。第３節で下水道事業の財政状況や構造をじっくり研究し，第４節で「今，何が問題なのか」を提示します。ここで，公費繰入がなかった場合に使用料がどうなるかのシミュレーションも行っています。

第３章は，「浄化槽という選択肢が有効であるという根拠」を集めたパートです。第１節では，生活排水処理対策の経緯をたどります。かつては浄化槽といえば水質汚濁の一因とも名指しされた「単独処理浄化槽」のことでしたが，すでにその新規設置は禁止され，今日では格段に性能が改善された「合併処理浄化槽」こそが，浄化槽の名を冠してよいことになっています。第２節では，その合併処理浄化槽と下水道の「差」を詳しく説明しています。第３節では，世間的に「浄化槽が劣る」とされている点について，今日の技術水準に照らして検証しています。第４節では，近年の浄化槽の動向と展望を概観しています。

第４章は，第１～第３章を受けて，現下の問題に対して具体的解決策を示すパートです。これまでの「不合理な選択」や，その温床となった構造をどう変えていったらよいのかを解き明かしています。

なお，本書でいう「下水道」とは，①汚水（し尿および生活雑排水）を集め，公共用水域へ放流できる状態まで浄化処理するための管路やポンプや処理施設，②市街地の浸水防止のために雨水を集めて河川や海へ流すための排水施設の総称であり，市町村または都道府県が管理しているもののことを指します。

また，「浄化槽」とは，建物に付属して設置され，汚水を建物単位で集め，公共用水域へ放流できる状態まで浄化処理するための設備で，建物の管理者が管理しているもののことを指します。

＊　　＊

繰り返しになりますが，人口減少社会は，私たちがこれまでで経験したことのない社会です。だから，たとえそれが正しい選択であっても，異論反論の砲火を受けることが，ままあるかと思います。それでも，根拠に基づく議論を重ねて，制度，システム，インフラをあるべき姿に方向転換させ，持続可能なものとして次の世代に引き継ぐ責任が，私たちにはあると考えます。

時間はありません。今，ここから始めましょう。

2017年3月

目　次

第1章

人口減少社会とインフラの持続可能性

第1節 納税者の減り続ける国・ニッポン

2年で鳥取県居住人口と同程度の人口減少

日本社会は2008年を境に人口減少社会に入った。直近の統計によれば，2015年度の1年間に国内で生まれた子どもの人数を示す「出生数」は100万5677人，「死亡数」は129万444人，差し引き28万4767人の自然減で，これは過去最大の減少幅であった[1)]。背景には，長寿命化した高齢層が死亡可能性の高い年齢に達してきたことによる“多死化”があり，人口減少のスピードは今後も加速するものと見込まれている。ちなみに，「年間28万人減」というペースは，2年で鳥取県居住人口に相当する人口が目減りするということでもある。

日本の総人口は2016年10月現在，約1億2693万人[2)]。国立社会保障・人口問題研究所の中位推計によると，この数が2030年に1億1662万人，さらに2060年には8674万人まで減ると予測されている（**図1-1-1**）[3)]。

1）厚生労働省（2016）「平成27年人口動態統計月報年計（確定数）」平成28年9月.

2）総務省統計局（2016）「人口推計―平成28年10月報」平成28年10月.

3）国立社会保障・人口問題研究所（2012）「日本の将来推計人口（平成24年1月推計）」平成24年1月.

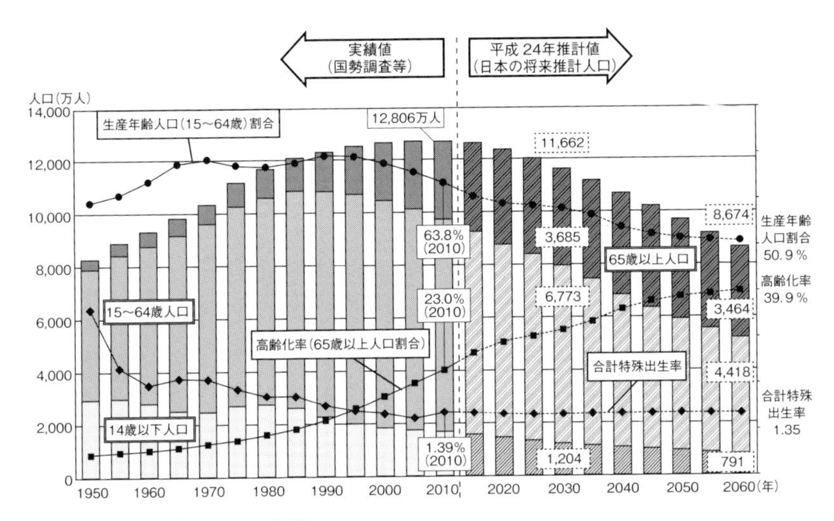

図 1-1-1　日本の人口推移

〔資料：国立社会保障・人口問題研究所（2012）「日本の将来推計人口（平成 24 年 1 月推計）」〕

 “母数”減による少子化と，市町村の消滅可能性

人口が現状通りに維持されるには，女性 1 人当たりの生涯出生数（合計特殊出生率）が 2.07 以上でなければならない。わが国では，戦後，団塊の世代が出生した第 1 次ベビーブーム期（1947～1949 年）に，合計特殊出生率は 4.3 を超えていた。しかし，その団塊世代が子を授かった第 2 次ベビーブーム期（1971～1974 年）以後は，下降の一途をたどり，2005 年には過去最低の 1.26 まで落ち込んだ。その後，政府の少子化対策の効果もあってか，1.4 前後まで回復して今日に至っている（**図 1-1-2**）。

しかし，出生数の減少に歯止めはかからない。なぜなら，出産適齢期の女性の人口が減っているからだ。これまでの少子化は，出生率の低下によるものだった。そうして人口の減った世代が，今度は子どもを産む側に回っている。つまり「母数」自体が減っている。したがって，少々出生率が回復したぐらいでは“焼け石に水”なのだ。

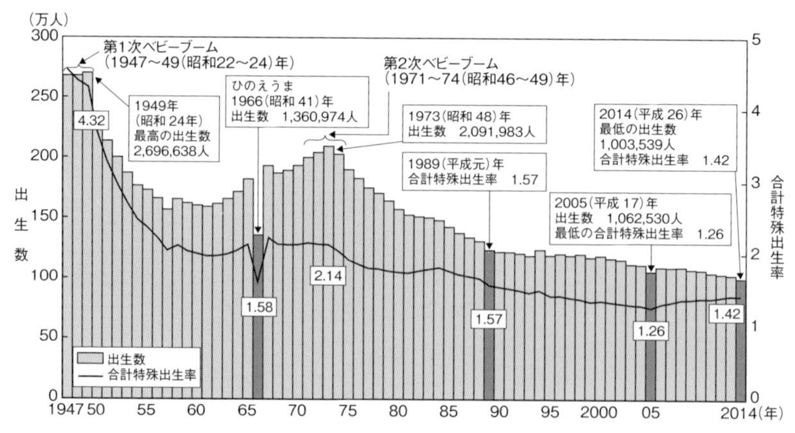

図 1-1-2　出生数および合計特殊出生率の年次推移

〔資料：内閣府「平成 28 年版　少子化社会対策白書」〕

それでも総人口が増え続けていたのは，日本人がこぞって長寿となったからだ。第 2 次ベビーブーム直後（1975 年）に男性 71.73 歳，女性 76.89 歳であった平均寿命は，合計特殊出生率が最低を記録した 2005 年までに男性 78.56 歳，女性 85.52 歳へと 7～9 年程度延び，それからもさらに長寿化は進んで 2015 年には男性 80.79 歳，女性 87.05 歳までになっている。その分，人口減少に作用する「死亡数」が低く抑えられてきたのだ。しかし，長寿となった高齢者もいつかは寿命を迎える。いわゆる“多死化”である。そのタイミングが到来して，今総人口減少が進行しているということである。

2025 年には，人口のボリュームゾーンとされる団塊世代が，後期高齢者（75 歳以上）に到達する（**図 1-1-3**）。それ以降は，医療・介護のニーズが飛躍的に膨れ，死亡数が累増していくことになろう。それを相殺するだけの出生数増加はほぼ考えにくい。子どもを産む出産適齢期の若年世代人口は既定事実として減り続けており，仮に出生率の底上げに成功しても（一人ひとりの出生数が増えたとしても），全体としての出生数増加という

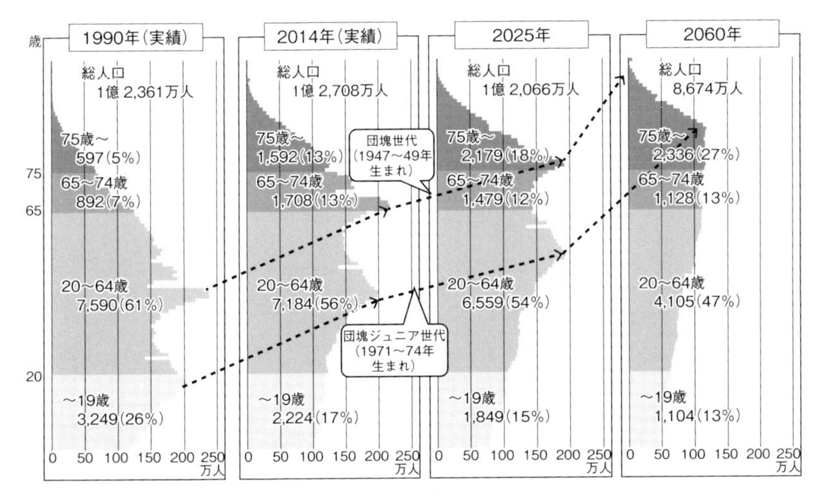

図 1-1-3　日本の人口ピラミッドの変化

〔資料：総務省「国勢調査」および「人口推計」. 国立社会保障・人口問題研究所（2012）「日本の将来推計人口（平成 24 年 1 月推計）：出生中位・死亡中位推計（各年 10 月 1 日現在人口）」〕

結果には結びつかないのだ[4)]。

民間有識者による「日本創成会議」が 2014 年に公表した試算（通称「増田レポート」）は，この点に着目し，若年層の人口移動という要素を加味して，「地方消滅」というショッキングな未来図を提示してみせた[5)]。

すなわち，2010～2015 年の間に実際に起きていた人口移動の状況が今後も同様に繰り返されると仮定した場合，2040 年までに「20～39 歳の女

4）経済財政諮問会議の「選択する未来委員会」は，合計特殊出生率が 2030 年までに人口置換水準である 2.07 まで急速に回復し，それ以降も同水準を維持すると仮定した場合，総人口が将来どうなるかを，次のように推計している。
「2060 年には総人口が 1970 年代前半の水準である 1 億 545 万人となるものと推計される。さらに，2090 年代半ばには人口減少が収束し，2110 年には 1960 年代後半の水準である 9661 万人程度となり，微増・ほぼ横ばいになるものと推計される。」〔内閣府「選択する未来」委員会（2015）「選択する未来―人口推計から見えてくる未来像―」平成 27 年 10 月〕。

5）日本創成会議・人口減少問題検討分科会（2014）「人口再生産力に着目した市区町村別将来推計人口」平成 26 年 5 月.

性人口が5割以下に減少」する自治体は，全体の49.8%である896自治体にのぼるのだという。母となれる人口が半分以下になったら，どんなに出生率を引き上げようとも人口減少を止めることはほぼ絶望的であると考えられ，これら896自治体は「消滅可能性都市」と定義された。さらに，そのうち523市町村は，「2040年時点で人口1万人を切る」とみられ，特に「このままでは消滅可能性が高い」とされている（**図1-1-4，図1-1-5**）。

三大都市圏では生産年齢人口急減と老年人口急増が同時進行

人口を「老年人口」（65歳以上），「生産年齢人口」（15～64歳），「年少人口」（14歳以下）の3区分に分けて，2010～2040年までの増減を都道府県ごとにみると，**図1-1-6**のようになる。

東京・神奈川・千葉・埼玉の首都圏では生産年齢人口が577万人減少する一方で，老年人口が388万人増える見込みである。大阪圏（京都，大阪，兵庫）や名古屋圏（愛知，三重）でも同様の構造変化がみられる。

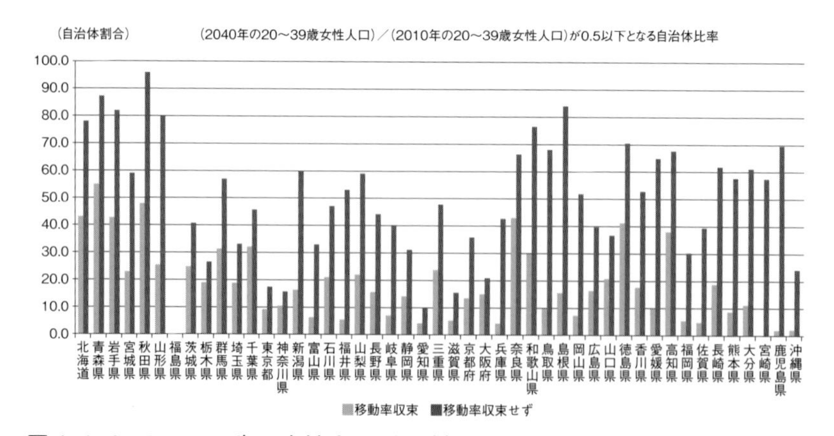

図1-1-4　20～39歳の女性人口が5割以下に半減する自治体の割合
〔資料：日本創成会議・人口減少問題検討分科会（2014）「人口再生産力に着目した市区町村別将来推計人口」平成26年5月〕

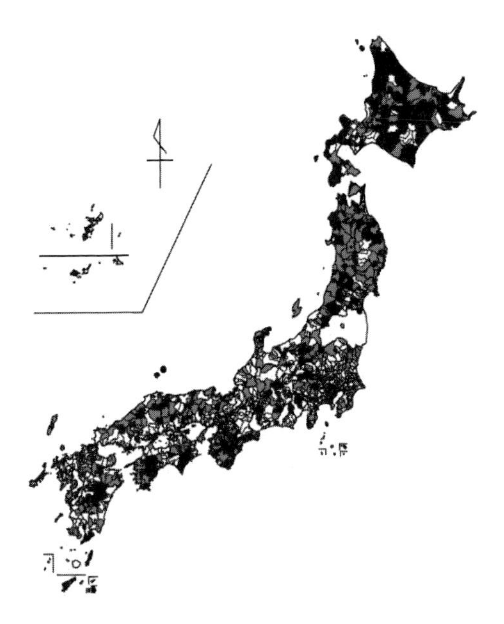

人口移動が収束しない場合において,2040年に若年女性が50%以上減少し,人口が1万人以上の市区町村(373)
人口移動が収束しない場合において,2040年に若年女性が50%以上減少し,人口が1万人未満の市区町村(523)

図 1-1-5　人口移動が収束しない場合の全国市区町村別 2040 年推計人口

〔資料：日本創成会議・人口減少問題検討分科会（2014）「人口再生産力に着目した市区町村別将来推計人口」平成 26 年 5 月〕

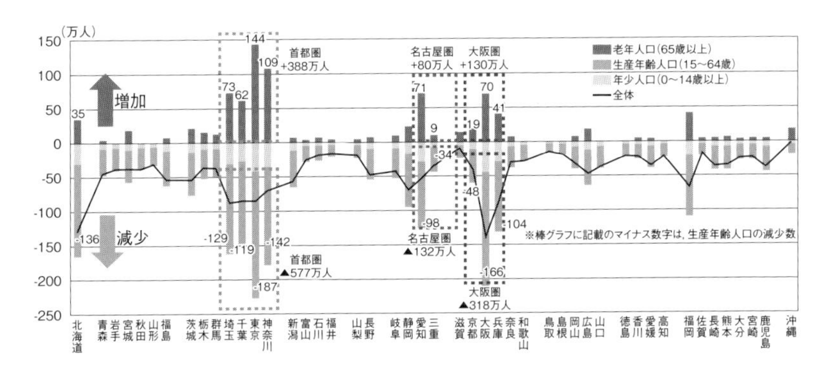

図 1-1-6　都道府県別・年齢 3 区分別人口増減推計（2010 年→ 2040 年）

〔資料：日本政策投資銀行（2014）「人口減少問題研究会　最終報告書」平成 26 年 6 月〕

現時点で現役世代の者もやがて年をとって高齢世代となるのだから，生産年齢人口減少と老年人口増加がセットで発生するのは当然である。“消滅可能性”とは無縁の三大都市圏でも，住民の相当部分が給与所得者から年金生活者に変わり，税収や行政需要の面で大幅な変動に見舞われることは避けられない。

一方，その他の多くの県では，すでに高齢世代が人口のボリュームゾーンとなっているため，今後の老年人口が増えることもなく，生産年齢人口の減少＝人口全体の減少となる見通しだ。

納税者が減り続ける国，将来世代に過酷な借金依存財政

人口減少は，消費需要や労働力供給量の減少を通じて国民経済の縮小へと作用する。そのうえ納税者の頭数が減ることになるので，税収減は必定だ。

2007年までわが国は，人口＝納税者が増える国だったが，2008年を境に「納税者が減り続ける」国へと転じた。大げさだと思われるかもしれないが，これはあたかも別の国になってしまったかのようなインパクトがある。時間が財政問題を解決することはもはやありえず，逆に緊迫の度を増していくことになるからだ。

歳出を前年同額に抑えてもなお，国民一人ひとりの納税額は年を追うごとに重くなる。公債を発行して将来世代に負担を先送りする“禁じ手”[6)]

---

6)『財政法』第4条は「国の歳出は，公債又は借入金以外の歳入を以て，その財源としなければならない。」として，国債発行を禁止している。しかし，但し書きで「公共事業費，出資金及び貸付金の財源については，国会の議決を経た金額の範囲内で，公債を発行し又は借入金をなすことができる。」と規定し，インフラ整備のための建設国債に限って例外的に発行を認めている。一方，政府が財政赤字を埋めるために例年発行している「赤字国債（正しくは「特例公債」)」は，『財政法』上はあくまで「禁止」である。それを，1年限りの「特例公債法」を制定することで，これを根拠に発行している。いずれの国債も，将来の納税者による税負担によって償還されることになるが，かたや建設国債は将来世代も利用可能なインフラが残るのに対し，かたや赤字国債は支出超過の帳尻を合わせるためのツケ回しであるという違いがある。

は，納税者が増える前提であれば「1人当たりの負担は今よりも薄まりますから」と正当化することもできた。しかし，納税者が減る社会ではその真逆であり，より過酷な借金となって後の世代を苛(さいな)む結果となる。

図 1-1-7 はここ四半世紀の間の歳入・歳出の内訳の変化を示したものだが，税収が伸び悩むなか，人口の高齢化によって医療・介護・年金などの「社会保障」に充てる費用が3倍増に跳ね上がったことがみてとれる。その他をみると公共事業，防衛，文教・科学技術等への支出はほぼ同水準のままだ。税収の範囲内で歳出を抑えられない分は，借金（国債）で調達せざるを得ず，その状態が恒常化してしまった結果，「国債費」も雪だるま式に増えてきた。今や歳出の4分の1，税収の4割に相当する規模まで膨らみ，財政を圧迫している。

今後とも人口の高齢化は進む一方であり，新規借入が返済を上回る状況

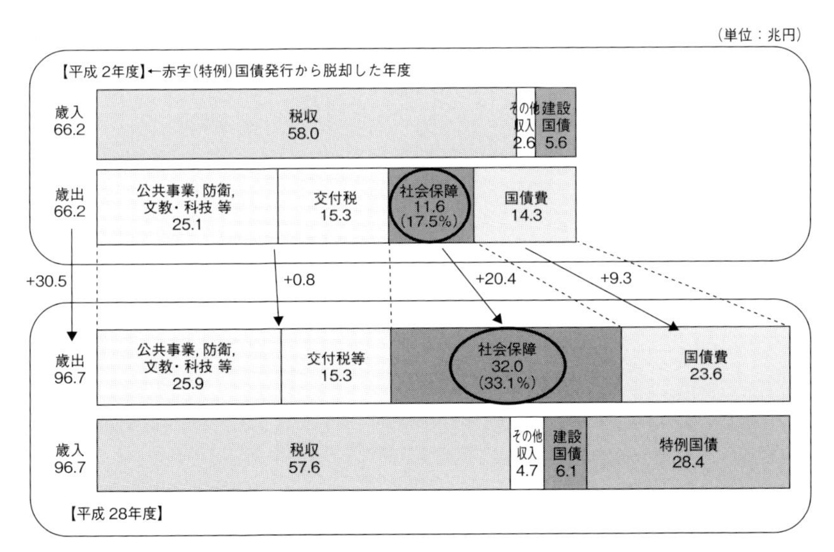

図 1-1-7　社会保障関係費の増加と税収の減少

※当初予算ベース。

〔資料：財務省（2016）「日本の財政関係資料」平成 28 年 4 月〕

は変わらない[7]。つまり，後の世代にとって過酷なツケ回しは，今年も来年も再来年も，増える一方なのだ。

国債残高は“着実”に，毎年 20 兆～40 兆円のペースで積み上がっている。財務省によれば，2016 年度末の国債残高は約 838 兆円にのぼり，これに地方債の残高や借入金を合わせた「国および地方の長期債務残高」は 1062 兆円（対 GDP 比 205%）に達する見込みであるという（**図 1-1-8**）。

債務残高の増大は，後の世代への無責任なツケ回しであるのみならず，政府財政への信認を損なって金利の急騰にもつながる「現時点での危機」でもある。国・地方における政策立案関係者は，納税者が増え続ける前提の思考様式を，即刻改める必要がある。

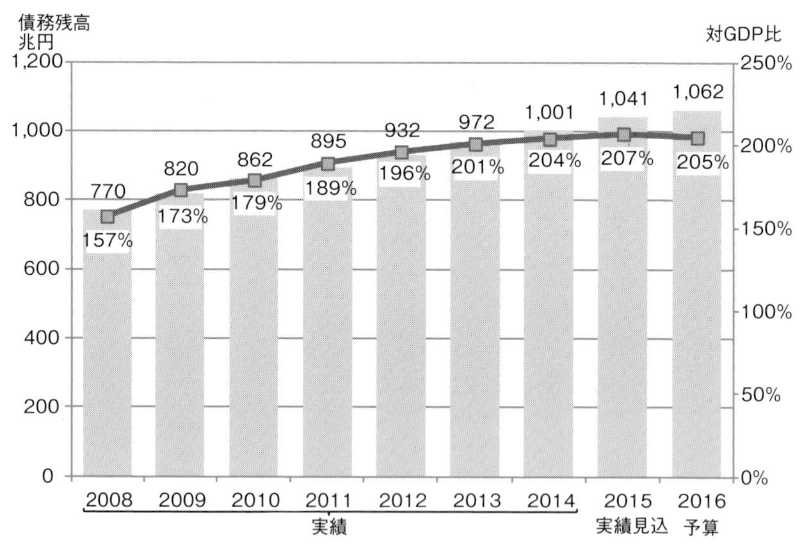

図 1-1-8　国および地方の長期債務残高

※ GDP は，平成 26（2014）年度までは実績値，平成 27（2015）年度は実績見込み，平成 28（2016）年度は政府見通しによる。

〔資料：財務省（2016）「日本の財政関係資料」平成 28 年 4 月をもとに作成〕

7）政府は「2020 年度の基礎的財政収支の黒字化」を財政運営の目標に掲げているが，内閣府は高い経済成長が実現できたとしても「▲ 5.5 兆円程度の赤字が残る」との試算を示している〔内閣府（2016）「中長期の経済財政に関する試算」平成 28 年 7 月 26 日〕。

第2節 人口減少下のインフラ整備

進む老朽化，一斉に押し寄せるインフラ更新需要

道路や橋梁，上下水道やガス・電気などの公共インフラは，時間の経過とともに老朽化する。長年の風雨や荷重で，コンクリートのひび割れや腐食，鉄筋のさびが進み，適切な点検・維持管理・更新を怠れば剥離，崩落，陥没などによって事故の原因ともなる。

インフラの耐用年数は，トンネル75年，橋梁60年，港湾50年，上水道管40年，下水道管50年とされるが[8]，わが国では1960年代の高度経済成長期にインフラが集中的に建設されてきたため（**図1-2-1**），今後，一斉に更新需要が高まっていく。

表1-2-1は建設後50年以上経過したインフラの割合を示したものだが，道路橋，河川管理施設（水門等），港湾岸壁ではすでに老朽化が相当程度進行していることが推定される。下水道管渠では建設後50年のものの割合が小さいが，これは下水道が，1990年代を通じた景気対策目的の

8）『減価償却資産の耐用年数等に関する省令』（昭和40年3月31日大蔵省令第15号）.
「下水道施設の改築について」（平成15年6月19日付国都下事第77号国土交通省都市・地域整備局下水道部下水道事業課長通知）.
『地方公営企業法施行規則』（昭和27年総理府令第73号）.

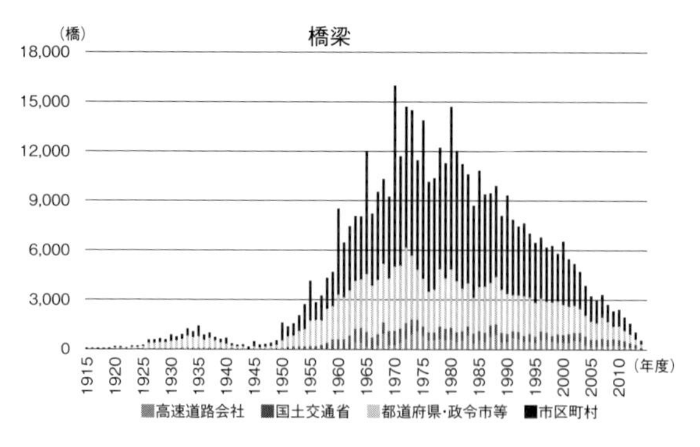

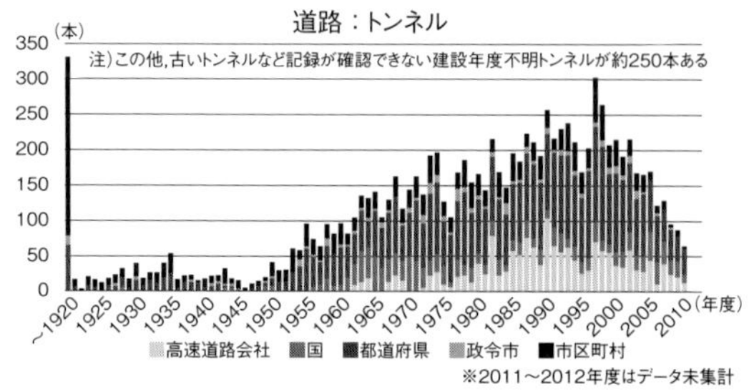

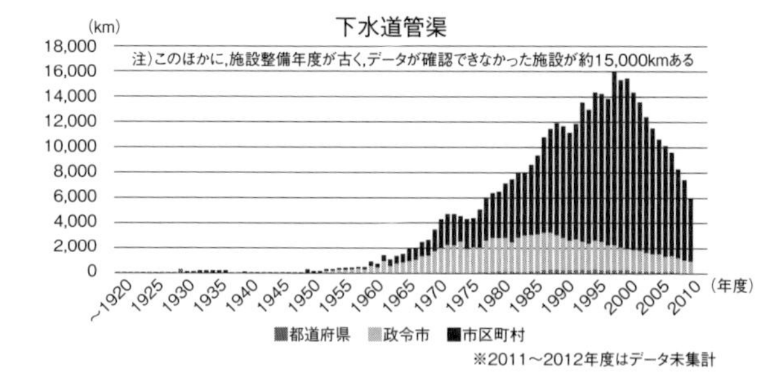

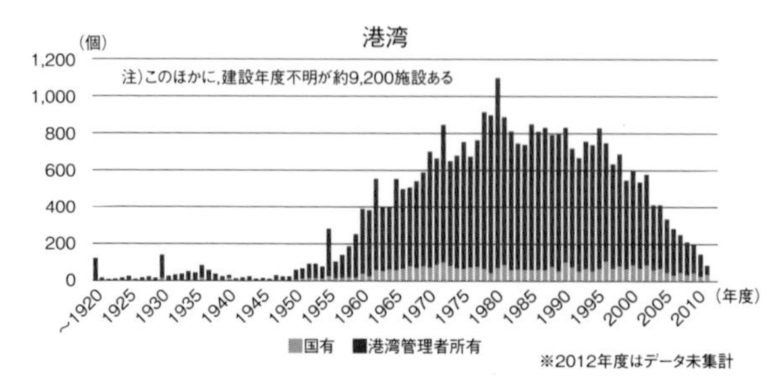

図 1-2-1　建設年度別施設数

〔資料：国土交通省〕

表 1-2-1　建設後 50 年以上経過した社会資本の割合

	2013 年 3 月	2023 年 3 月	2033 年 3 月
道路橋 [約 40 万橋※1（橋長 2 m 以上の橋約 70 万のうち）]	約 18%	約 43%	約 67%
トンネル [約 1 万本※2]	約 20%	約 34%	約 50%
河川管理施設（水門等） [約 1 万施設※3]	約 25%	約 43%	約 64%
下水道管渠 [総延長：約 45 万 km※4]	約 2%	約 9%	約 24%
港湾岸壁 [約 5 千施設※5 （水深－4.5 m 以深）]	約 8%	約 32%	約 58%

※1　建設年度不明橋梁の約 30 万橋については，割合の算出にあたり除いている。
※2　建設年度不明トンネルの約 250 本については，割合の算出にあたり除いている。
※3　国管理の施設のみ。建設年度が不明な約 1,000 施設を含む（50 年以内に整備された施設については概ね記録が存在していることから，建設年度が不明な施設は約 50 年以上経過した施設として整理している）。
※4　建設年度が不明な約 1 万 5 千km を含む（30 年以内に布設された管きょについては概ね記録が存在していることから，建設年度が不明な施設は約 30 年以上経過した施設として整理し，記録が確認できる経過年数ごとの整備延長割合により不明な施設の整備延長を按分し，計上している）。
※5　建設年度不明岸壁の約 100 施設については，割合の算出にあたり除いている。
〔資料：国土交通省〕

大型公共投資[9]で，整備が一気に進んだインフラであることの裏返しである。

9）「1973 年のオイルショック以降，経済が不況に陥った時には，社会資本整備の景気対策としての意味合いが強くなってくる。1990 年代には公共事業費の大幅な拡大が見られるが，これには大きく二つの要因があった。一つは，対アメリカの関係で内需拡大が求められたことであり，もう一つはバブル崩壊後の景気対策としての公共事業である。1980 年代後半，日本はバブル経済に突入するが，1990 年の「日米構造改革協議」において，日本の内需拡大のためにそれ以降 10 年間で総額 430 兆円（後に 620 兆円）の公共投資を行うことが定められる。91 年頃のバブル崩壊以降，もう一つの要因である景気対策が求められるのであるが，公共事業の拡大自体はすでに定められた路線であった」〔林　宏昭（2011）「これからの社会資本整備」『会計検査研究』No.43（2011.3）〕

ところで，インフラ老朽化が社会的に注目されるようになったのは，2012年12月に発生した「中央自動車道笹子トンネル天井板落下事故」[10]がきっかけであった。同事故の原因は，天井板をつり下げていたつり金具を固定するボルトに施工時から強度不足があり，そこへ経年劣化が加わり，そもそも設計上の不備もあった——と結論づけられている。同時に，事故発生から12年間さかのぼってボルトまわりの点検がなされていなかったという「メンテナンス不備」も指摘された[11]。ちなみに，笹子トンネルの完成は1975年。耐用年数に達する以前の事故である。

同じように危険な状態にあるインフラがほかにもある，という前提で適切な点検・維持管理・更新がなされる必要がある。

インフラ維持管理・更新費用，20年後は5割増に

インフラに対する適切な点検・維持管理・更新の必要性について述べてきたが，そのための更新財源を財政だけで賄う見通しが，実は立っていない。

国土交通省によれば，インフラの維持管理・更新費は2013年度現在約3.6兆円で，10年後の2023年度には最大で4割増しの約5.1兆円，さらに20年後の2033年度には5割増しの約5.5兆円が必要になる見込みであるという（**図1-2-2**）[12]。ただし，これは現存するインフラを使い続けるために要する費用であり，新規整備は含まれない。また，用地費や補償費や災害復旧費も含まれていない。

10) 2012年12月2日に山梨県大月市笹子町の中央自動車道上り線笹子トンネルでトンネル換気ダクト用に設置されている天井板が138 mにわたり落下し，走行中の車複数台が巻き込まれて9名が死亡した事故。

11) 国土交通省（2013）「トンネル天井板の落下事故に関する調査・検討委員会報告書」平成25年6月18日.
http://www.mlit.go.jp/common/001001299.pdf（最終閲覧日　2016年11月1日）

12) 国土交通省　社会資本整備審議会・交通政策審議会（2013）「今後の社会資本の維持管理・更新のあり方について答申」平成25年12月.

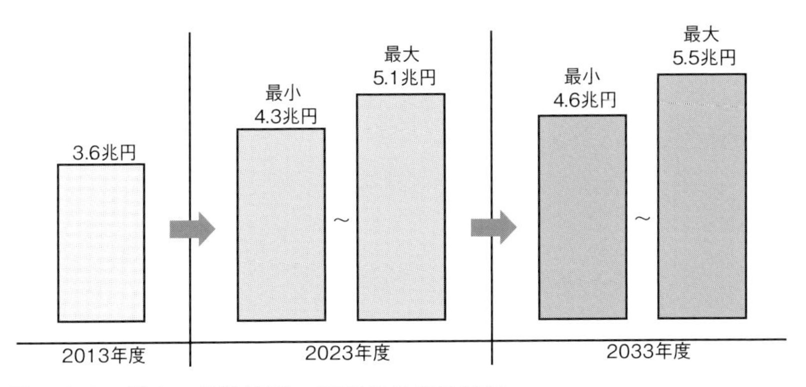

図 1-2-2　将来の維持管理・更新費の推計結果

※国土交通省所管の社会資本 10 分野（道路，治水，下水道，港湾，公営住宅，公園，海岸，空港，航路標識，官庁施設）の，国，地方公共団体，地方道路公社，独立行政法人水資源機構が管理者のものを対象に，建設年度ごとの施設数を調査し，過去の維持管理，更新実績等を踏まえて推計。

〔資料：国土交通省　社会資本整備審議会・交通政策審議会（2013）「今後の社会資本の維持管理・更新のあり方について答申」平成 25 年 12 月を図式化〕

前節で述べた通り，わが国では国と地方，合わせて 1 千兆円を超える借金を抱えている。借金返済額（国債費）が税収の 4 割を占めて財政を圧迫し，返済する分より多くの借金を重ねてようやく社会保障と少子高齢化で膨らみ続ける予算を回しているありさまである。このようななか，固定費のように毎年度計上されるインフラ維持管理・更新費用を，4 割増 5 割増へと引き上げることが，現実的といえるだろうか。

国土交通省はもう一つ，インフラ維持管理・更新費用に関する試算を出している（**図 1-2-3**）[13]。これから 2060 年度までに更新費と維持管理費で，累計「190 兆円」が必要であると推計して，現在（2009 年度時点）のインフラにかけている投資水準の枠内でやり繰りするならば「将来，更新で

13）このあと国土交通省は，推計対象分野・機関を拡大し，社会資本の老朽化の実態やこれまでの維持管理実績を反映させた「新推計」を，2013 年 12 月に公表している（**図 1-2-2**）。ただし，こちらは「将来の新設施設の維持管理・更新費」や「災害復旧による更新」を含まず，10 年後・20 年後の費用を，幅をもたせて示すものとなっている。

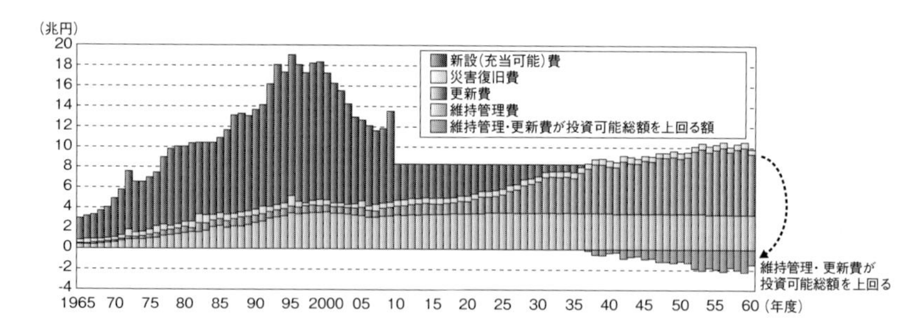

図 1-2-3　維持管理・更新費の推計（従来通りの維持管理・更新をした場合）

※推計方法について……国土交通省所管の 8 分野（道路，港湾，空港，公共賃貸住宅，下水道，都市公園，治水，海岸）の直轄・補助・地単事業を対象に，2011 年度以降につき次のような設定を行い推計。

・更新費は，耐用年数を経過した後，同一機能で更新すると仮定し，当初新設費を基準に更新費の実態を踏まえて設定。耐用年数は，税法上の耐用年数を示す財務省令を基に，それぞれの施設の更新の実態を踏まえて設定。

・維持管理費は，社会資本のストック額との相関に基づき推計（なお，更新費・維持管理費は，近年のコスト縮減の取り組み実績を反映）。

・災害復旧費は，過去の年平均値を設定。

・新設（充当可能）費は，投資可能総額から維持管理費，更新費，災害復旧費を差し引いた額であり，新設需要を示したものではない。

・用地費・補償費を含まない。各高速道路会社等の独法等を含まない。なお，今後の予算の推移，技術的知見の蓄積等の要因により推計結果は変動しうる。

〔資料：国土交通省「平成 21 年度国土交通白書」〕

きずに放置されるストックが 30 兆円分に達することになる」との見解を『平成 21 年度国土交通白書』に掲載した。

すなわち，▽インフラへの投資をこの先 2010 年度の水準（＝年間約 8.3 兆円）に据え置くならば「新設」を削ってやり繰りするしかない（2010 年度から 2037 年度までの直線部分），▽しかし，インフラの老朽化とともに更新需要が膨らんでくるため，新設に回せる額は減り続け，2037 年度以後は新規をゼロにしても足りなくなり，更新費が満額調達できなくなる（2037 年度以降のマイナス領域に積み重なっていく部分），▽ 2011 年度から 2060 年度までの 50 年間に必要な更新費は「約 190 兆円」，そのうち削らざるを得ない更新費は「約 30 兆円分」にのぼる――というシミュレーションである。しかるべき財源が確保されない限り，インフラに穴が開きますよ，という警告と受け取れる。

国土交通省は，早期発見・早期改修による「予防保全」の取り組みを強化することで，この「穴」は最大5分の1の6兆円まで圧縮が可能であると補足説明している。そのうえで，「早急に戦略的な維持管理を進め，ライフサイクルコストの縮減や長寿命化を図る必要がある」と訴えている。しかし，この場合でも財政だけでは賄えないことに変わりはなく，2047年度以後は維持管理・更新費が上限を上回る。

人口減少下でのインフラ，負担と便益のバランス

状況を楽観できる要素は見当たらない。人口減少で市場も労働力も縮小し，納税者が減り続ける国・ニッポンでは，後代を苛む膨大な借金を抱え，高齢化で社会保障にかかるコストが膨らんで首が回らないような状況のなか，インフラが老朽化して一気に更新が必要なタイミングにさしかかっているのだから……。

だが，今日のインフラが整備されてきた「人口が増加し続ける時代」と，今後の「人口が減り続ける時代」とは違う。つまり，これまでと同じ水準のインフラを維持する必要はないのだ。今あるインフラをすべて残すことを前提とするのではなく，住民の「負担」と「便益」を考量して，何を残して何をどう撤去したらよいか，もしくは同等の機能をもつインフラにどのように置き換えていったらよいかを決めていかなければならない。

北海道夕張市では，乗客数低迷で赤字路線となっていた「石勝線夕張支線」（新夕張～夕張，16.1 km）について，市の側からJR北海道に廃止を提案し，交換条件として提示した「バスを用いた代替交通政策への協力」を勝ち取る動きがあった。鉄道会社側の望む赤字路線の廃止を自治体の側から持ち掛けるのは異例中の異例だが，効率的で持続可能なインフラへの置き換えを自治体と企業が協力して進める先例として注目される（次**コラム**参照）。

―先手必勝，ピンチをチャンスに変える：夕張市長の行動力

石勝線が開通したのは1892（明治25）年。今から120余年も前のことだ。かつては石炭輸送でにぎわった同線も，今や1日1km当たり乗客数118人/日※まで落ち込み，約1億8千万円の赤字路線となっていた。

JR北海道によれば，「トンネル・橋梁等の老朽劣化が著しく，将来にわたって列車運行を継続するには老朽更新等抜本的対策に巨額の維持更新費が必要となる見込み」とのこと。同社では2016年秋から不採算路線の縮小を進める方針を決めており，夕張支線がその対象になるのは避けられないとみられていた。

そこで，先手を打つ形で動いたのが，夕張市の鈴木直道市長。JR北海道本社に島田修社長を訪ねて，「線区を今後も将来にわたって維持することが困難である以上，ピンチをチャンスに変えて，この機会に将来を見据えて効率的で持続可能な交通体系を夕張市に構築したい。夕張市として，どのような交通体系が最良であり，効率的で持続可能なものかを一緒に考えていただけないか」と持ち掛けたのだ。その際，廃線の条件として，①都市拠点と市内各地をバス路線などで結ぶ交通体系整備への協力，②駅舎などJR北海道所有施設の譲渡，③JR北海道社員の夕張市役所への派遣――の3点を掲げ，JR北海道はこれを受け入れた。正式に廃線が決まった。

鈴木市長は，JR北海道との面談後の記者会見で，「夕張のように財政破綻している厳しいところでも，なお，このようなモデルをつくろうとしている」と述べ，同じように過疎に悩む自治体に対して「これを契機に，みんなでどういう形が一番，市民・道民の足を守るために重要なことなのか，それぞれが知恵や汗を出すなかで考えてほしい」と呼びかけた。

※1日1km当たり乗客数は，ローカル線では数千から数百人/日規模であり，一般的に1500人/日が営業収支の均衡する目安となっている。ちなみにJR山手線は109万7093人/日。

小規模かつ簡単に縮小できるインフラ整備

もちろん，インフラ整備の見直しにあたっては，利用する住民の意思が尊重されなければならない。しかし，人口減少地域でのニーズを満たすに足る機能・仕様をはるかに超えたインフラを維持し続けることは困難だ。

「人口減少社会に突入した日本では，インフラの更新や維持管理に対する国民負担とインフラのサービス水準はトレードオフの関係になる。すなわち，追加的な国民負担を拒否すればサービス水準は低下し，サービス水準を維持すれば国民負担は増加するということである。人口減少社会では，その減少程度にあわせてインフラストックを調節していかないと適切な社会が実現しない」（宇都 2013）[14]のである。

わずかな受益者のために，老朽化したインフラをリニューアルし，そのために莫大な費用をかけ，国・地方の借金を増やすことは，厳しい言い方をすれば，意見表明の機会なき後の世代に対する財産権侵害ともいうべき政策決定である。究極には，そもそもインフラの費用は誰が負担するべきものなのか，という議論に帰着する。

費用負担の論点は第４章で詳述するとして，これからの更新や置き換えを合理的に進めていくために，人口減少が局地的に発生すること，人口の減少率とインフラの老朽化スピードが必ずしも一致しないことを考慮して，今後は小規模かつ簡単に縮小でき耐用年数も短い「ミニマムスペック」のインフラ整備を考えていくべきとの提言もあり，注目に値する。

> 「ミニマムスペックとはすなわち，国土形成計画にあるような広域連携を前提として，『自治体の枠を超えて共有できるインフラは共有管理し，特定地域ごとに必要となるインフラについては，地域内で維持管理できる程度の規模にすべき』という考え方である。そしてその地域の人口が減少する際には，簡単に縮小できるよう，10～20 年程度の短期間の利用を前提とし，強度も最低限の安全性が担保されるものであればよいと考えられる」（植村・松岡 2013）[15]

14）宇都正哲（2013）「第７章　人口減少下のインフラ整備論」宇都正哲・植村哲士・北詰恵一・浅見泰司編著『人口減少下のインフラ整備』東京大学出版会，p249.

15）植村・松岡（2013）「第２章　計画論―戦後のインフラ整備と経済計画」宇都正哲・植村哲士・北詰恵一・浅見泰司編著『人口減少下のインフラ整備』東京大学出版会，p110.

人口減少社会においては，人口密度や世帯密度の低下に合わせてインフラの容量を「ダウンサイズ」する必要がある。それも，不要となった部分は廃止し，余剰となった部分は縮小し，ニーズのある部分は維持して更新する必要がある。そのためには，インフラを需要減に柔軟に応じられるよう，一定の構成単位ごとに分割・整理（モジュール化）しておくことが有効である[16)]。生活排水処理のインフラでいえば，面対応の重厚長大な下水道から，ピンポイントで柔軟に設置・撤去できる浄化槽に置き換えていくというイメージと重なる。

人口減少社会では，地域住民の負担が受忍可能な水準を超えることのないよう，インフラのあり方をコントロールすることが，行政や議会の務めである。くれぐれも，国の財政支援を当てにして，現実逃避するようなことがあってはならない。適時に適切な見直しをし損じれば，その分，地域住民の負担として顕在化することになるのだ。

時間的猶予は，限られている。

---

16)「インフラが人工物である以上，長寿命化しても，いつかは更新する必要がある。利用期間中の需要が永続するような幹線部分を除いて，適宜，容量を削減したり，廃止したり，規格を引き下げる必要も出てくる。インフラの寿命を長くするのではなく，短くしたほうが，需要変動への対応を行いやすい。また，インフラは必要性があり建設されていることから，簡単に廃止することにはならないが，一方で，需要減少下に過大な水準のインフラを維持していくことは，維持管理費の負担や初期投資コストの効率性の観点から経済的とはいえない。このことから，例えば，上下水道の建設の際には，長期的に容量を半減できるように，大口径のパイプを１本通すのではなく，中口径のパイプを２本通すことで冗長性と将来の需要変動への対応を取っておくということも考えられる。つまり，インフラの小口モジュール化である。」宇都正哲（2013）「第７章　人口減少下のインフラ整備論」宇都正哲・植村哲士・北詰恵一・浅見泰司編著『人口減少下のインフラ整備』東京大学出版会，p247.

―住民の合意形成には，まず情報提供から

インフラの見直しは住民生活に直結する。したがって，その見直しにあたっては，地域ごとに合意形成しながら結論を得る必要がある。その前提となるのが，住民一人ひとりが自ら意思決定できるだけの，十分な情報提供である。

人口減少の時代にインフラを維持し続けるには，必然的に1人当たりの負担増が避けられないという事実，現在のインフラの老朽化度合い，更新時期および費用の見通し，別のインフラへの置き換えや集住という選択肢およびその内容などが，最低限パンフレットやホームページにわかりやすく掲示される必要がある。新聞や雑誌，書籍を通じた情報発信もあっていい（もちろん本書をお使いいただいても構わないし，むしろ大歓迎である）。

一風，変わった提案をしているのが国土交通政策研究所だ。2015年3月にまとめた「社会資本の維持管理・更新のための主体間関係に関する調査研究（中間報告書）」※のなかで，次のように，一般の人がアクセスしやすいように「映画」を用いてはどうか，と投げかけている。

> 積極的に知りたいと思う人だけを対象にするのではなく，国民誰しもに関係することであるから，プッシュ型での情報伝達を行うとともに，きちんと相手に伝わる方法で行うことが必要である。例えばホームページでの公開だけではなく，映画など一般の人がアクセスしやすいような，これまでとは違った方法で社会資本の現状，維持管理・更新の問題をとりあげるなど，伝達メディアの選択やその方法にも工夫の検討が求められる。※

多様な手法で，多くの人に情報を届ける努力が，今求められている。

※国土交通省　国土交通政策研究所（2015）「社会資本の維持管理・更新のため主体間関係に関する調査研究（中間報告書）」平成27年3月.
http://www.mlit.go.jp/pri/shiryou/press/pdf/shiryou150327-3_2.pdf

第2章

生活排水処理インフラの現状と展望

第１節 「集合処理」と「個別処理」

人の生活に伴って発生するし尿や台所排水・浴室排水・洗濯排水などの生活排水は，そのまま何も処理せず放流しても，自然の自浄能力の範囲内であれば環境が悪化することはない。しかし，人口が一定以上集積して，自浄能力を超えるだけの汚濁物が流れ込めば，確実に放流先の河川，湖沼，海洋が汚染される。そのため，山村での１人暮らしというような特異な例外を除いて，汚水はすべからく浄化して，環境に負荷を与えない水質に戻してから公共用水域に放流する必要がある[1)]。

地域で一括処理するか，１軒１軒個別に処理するか

生活排水を浄化処理する設備は，小さいもので家屋に設置される家庭向け浄化槽から，大きいものでは複数市区町村の汚水を管路で集めて一括処理する下水処理施設まである。いずれも①固形物を除去し，②微生物の働きにより汚水中の有機物を分解し，③汚泥（沈殿物）と上澄み水に分離し，④上澄み水を消毒して放流する，というプロセスで汚水を浄化する（②と③の原理については**図 2-1-1** を参照）。

浄化処理のプロセスそのものは同じだが，インフラとしては「個別処理」と「集合処理」の２種類が存在する。どこが違うのかといえば，汚

1）１人１日当たりの生活排水を「魚が生息できる水準」まで汚濁負荷を薄めるためには，浴槽（300 リットル）約 28 杯分のきれいな水が必要とされる〔環境省（1993）「平成５年版環境白書」〕。

水の発生現場で浄化処理するか（個別処理），最終処理場まで下水管で汚水を集めて処理するか（集合処理）という点である。集合処理は，汚水を流す管路のネットワークも含むインフラである（**図 2-1-2**）。

個別処理は，建物単位で浄化槽を設置して，そこで発生する汚水（し尿および生活雑排水）を処理するものである。その名を冠した『浄化槽法』

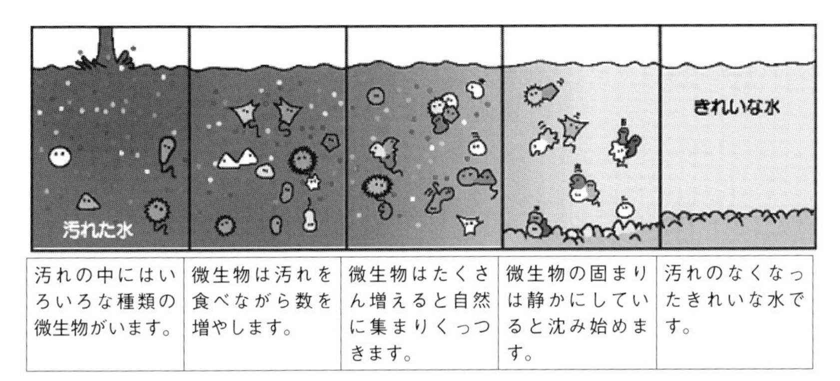

図 2-1-1　汚水処理のメカニズム

〔資料：長崎県ホームページ「下水道のしくみ」. http://www.pref.nagasaki.jp/bunrui/machidukuri/toshikeikaku-kokudoriyo/shuyoujigyou/gesuidou-shuyoujigyou/88942.html（最終閲覧日 2016 年 10 月 1 日）〕

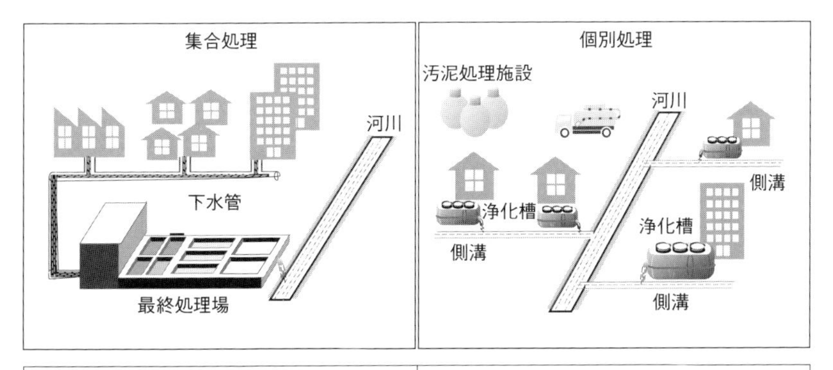

家庭や店舗や事業所から発生する汚水を，地中に敷設した管路で最終処理場まで集め，一括して浄水処理を行うもの。人口の密集した都市部では，こちらのほうが経済的とされる。	建物ごとに浄化槽を設置して，家庭や店舗や事業所から発生する汚水をその場で個別に浄化処理するもの。健全な水循環を確保するうえでは，こちらのほうが適している。

図 2-1-2　生活排水処理インフラ―「集合処理」と「個別処理」

〔資料：環境省および国土交通省をもとに作成〕

を根拠法としており，環境省が所管している。

一方，集合処理は地域でまとまって整備や維持管理を行うものである。こちらは所管する官庁が4省，根拠法が3法あり，また対象地域が異なるため，その掛け合わせで10種類もの形態が存在する（**表2-1-1**）。これらは歴史的経緯もあり，制度の都合で縦割りに分立しているわけだが，いずれも中身は基本的に同じ。規模や使用する設備は様々であるが，すべて管路で汚水を集めて一括処理する仕組みである点に変わりはない。

表2-1-1　対象・根拠法・所管官庁の掛け合わせで10種類ある集合処理

種　類	対　象	根拠法	所管官庁
公共下水道	市街地（『都市計画法』第4条の都市計画区域内）	下水道法	国土交通省
流域下水道	公共下水道の広域バージョン（2以上の市町村）		
特定公共下水道	主として特定の工場や事業場		
特定環境保全公共下水道	自然公園区域（『自然公園法』第2条）や農山漁村など市街化区域外		
農業集落排水施設	農業集落（『農業振興地域整備法』第6条に基づいて指定された農業振興地域およびその周辺）	浄化槽法	農林水産省
漁業集落排水施設	漁業集落（『漁港漁場整備法』第6条に基づいて指定された漁港背後の集落）		
林業集落排水施設	林業集落（林業振興地域等）		
簡易排水施設	中山間地域（『山村振興法』第7条に基づいて指定された振興山村等）		
小規模集合排水処理施設	小規模集落		総務省
コミュニティ・プラント（地域し尿処理施設）	下水道事業計画区域外の住宅団地等	廃棄物処理法	環境省

〔資料：環境省および国土交通省をもとに作成〕

重厚長大の集合処理インフラ，モジュール型の個別処理インフラ

集合処理では，固形物を含む汚水を目詰まりや逆流させることなく，確実に最終処理場まで流すために，緻密に高低差をつけて下水管を敷設しなければならない。しかも地下深度が深くなり過ぎないように，ところどころ地表近くまで揚水するための施設＝「中継ポンプ」も必要となる（**図2-1-3**）。このため，整備に莫大な費用と中長期の工期を要し[2]，設置後も耐用年数がきたら更新していく必要がある。

一方，個別処理は10日程度で浄化槽の設置が可能であり，基本的に建築物より耐久年数が長い。つまり，建物が老朽化して改修を要するタイミングがやってくるまで浄化槽を入れ替える必要はなく，建物の改修と同時期に新品に入れ替えればよい。その点，こちらは「モジュール」（部品）のようなインフラであるといえる。

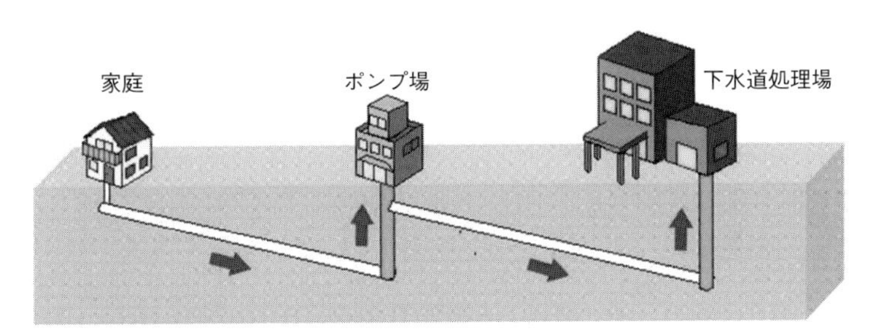

図2-1-3　集合処理─汚水が処理場に運ばれるまで
〔資料：岩国市ホームページ「下水道のしくみ」. https://www.city.iwakuni.lg.jp/soshiki/26/3274.html（最終閲覧日　2016年10月1日）〕

2）公共下水道など集合処理は，人口・面積などの規模にもよるが，小都市でも着工から供用開始までに3〜5年を要するとされる。個別処理の場合は，10日もあれば浄化槽の設置が完了し使い始められる。費用については，例えば，公共下水道・農業集落排水・浄化槽を併存させている福島県三春町（人口約1万7000人）において，1戸当たりの建設費が公共下水道には約400万円，農業集落排水には約600万円かかったものの，浄化槽ではその6分の1の約70万円で済んだと報告されている〔遠藤誠作・増子伸一・佐藤禎一・宗像秀幸（2015）「公営企業経営と浄化槽〜下水道における浄化槽の役割」浄化槽システム協会『浄化槽普及促進ハンドブック（平成27年度版）』，pp2-3〕。

健全な水環境確保に役立つ「個別処理」

健全な水環境を確保する観点からは，汚水はできるだけ発生現場で清浄な水に戻して放流するほうが望ましい。そうすることで，身近な河川の水量維持に寄与するからだ。河川には自ら水質を清浄化する「自浄作用」がある（**図 2-1-4**）。しかし，流量の乏しい河川では自浄作用が十分に働かない。水質が保たれるためには一定の流量が必要なのだ。

しかるに，下水道のような集合処理施設では，汚水を終末処理場まで地中の管路で運び，処理して放流する。終末処理場は河川の下流域に建設さ

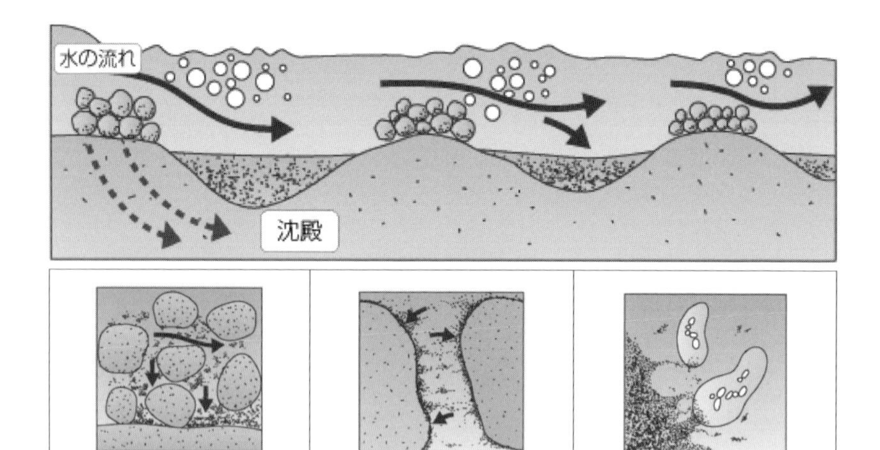

接触沈殿	吸　着	酸化分解
川の中の礫（れき）のすきまを水が通るとき，水中に浮いている汚れが礫にふれて沈殿します。	水中の汚れと礫は，電気の＋と－の関係があり，礫はその粘りで汚れを吸い寄せます。	礫の表面の生物は，汚れをエサとして食べ，最後には水と炭酸ガスにまで分解します。

図 2-1-4　川の自浄作用の仕組み

〔資料：環境省ホームページ「ジョー・カソー博士のワンポイント解説③自然の力が水を浄化する」. http://www.env.go.jp/recycle/jokaso/himitsu/onepoint/03.html（最終閲覧日　2016 年 11 月 1 日）〕

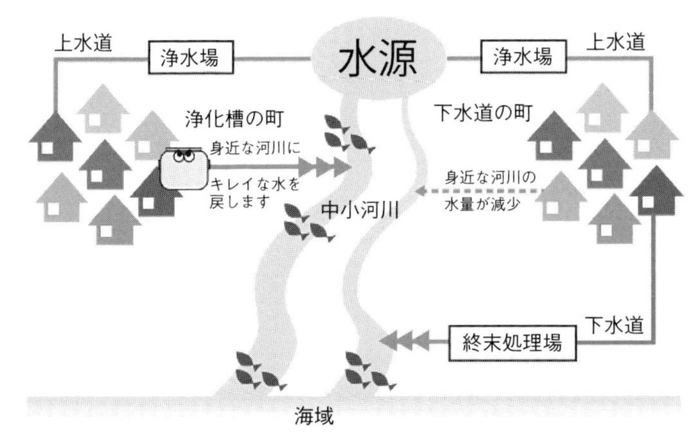

図 2-1-5　水循環への貢献と浄化槽（個別処理）・下水道（集合処理）
〔資料：熊本県浄化槽協会ホームページ「健全な水循環（水量）水量の維持への貢献」. http://johkasou.jp/modules/page/index.php?cid=4&lid=16（最終閲覧日　2016 年 10 月 1 日）〕

れることが多いため，その上流の河川では水量が少なくなる[3]（**図 2-1-5**）。

人口密集地で経済性を発揮する「集合処理」

ただ，人口の密集した都市部に限っては，下水道を用いた集合処理のほうが“分”があるとされている。多くの人口が密集・集住する都市部では，1 戸 1 戸個別に浄化槽を設置すること自体，場所の確保からして現実的ではない。それよりも，1 カ所の終末処理場に集めて一括処理したほうが「規模のメリット」が働き，人口が維持されている限り管路やポンプ場のコストを含めてもなお，長期的に経済合理性が高いということである。

3）熊本県浄化槽協会ホームページ「健全な水循環（水量）水量の維持への貢献」より，http://johkasou.jp/modules/page/index.php?cid=4&lid=16（最終閲覧日　2016 年 10 月 1 日）

逆に，人口のまばらな地域で集合処理を選択した場合は，相当に高い使用料を徴収しなければ事業として成り立たない。

それを示したのが**図 2-1-6** である。個別処理にかかるコストは人口密度に関わりなく一定だが，集合処理の場合は人口密度が高ければ（＝利用者が多ければ）1 人当たりの負担を低く抑えることができ，逆に人口密度が低ければ（＝利用者が少なければ）高くついてしまうことになる。

この際の目安とされてきたのは，「人口密度が 1 ヘクタール当たり 40 人以上の地区が連なって 5000 人以上の集積があるかどうか」〔人口集中地区（DID）[4]であるかどうか〕ということだった。2010 年現在，その条件に該当する地区に住む人口は 8612 万 1462 人で，総人口の 67.3% を占

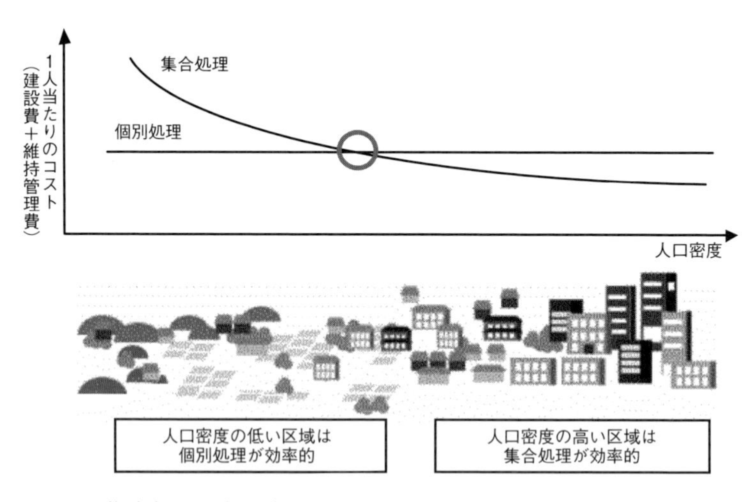

図 2-1-6　集合処理と個別処理の区分けの考え方

〔資料：環境省（2009）「平成 21 年版環境白書」〕

4）「人口集中地区」とは，国勢調査の結果に基づいて設定される「都市的地域」のこと。DID（Densely Inhabited Districts）とも称される。広い意味での「市街地」を指す。「人口密度が 1 ヘクタール当たり 40 人以上の地区が連なって 5000 人以上の集積がある」ことが条件となっている。地方交付税算定基準の一つとして利用されているほか，都市計画，地域開発計画，市街地再開発計画，産業立地計画，交通計画，環境衛生対策，防犯・防災対策，その他各種行政施策，学術研究および民間の市場調査などに広く利用されている。

めている[5]。これに対し，わが国の生活排水処理インフラの比率は，人口ベースでみて，集合処理9割，個別処理1割という内訳となっている（**図2-1-7**）[6]。つまり，それだけ集合処理が全国に普及していることを意味する。わが国は2008年を境に人口減少社会に転じており，人口動態が現状のまま推移すれば，2100年には明治末頃と同等の5千万人弱まで半減するものと見込まれている。それだけ都市の縮小が進み，集合処理に適した地域が減っていくことになるわけだが，現時点でさえもすでに，わが国の生活排水処理インフラは集合処理に比重が偏っていることが概観できる。

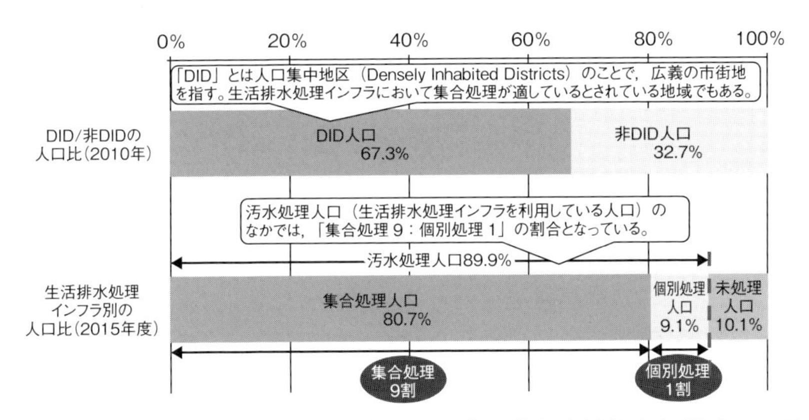

図2-1-7　DID（人口集中地区）/ 非DIDの人口比と生活排水処理インフラ別人口比

※集合処理人口は公共下水道，農業集落排水施設，漁業集落排水施設，林業集落排水施設，簡易排水施設，コミュニティ・プラントの合計で1億307万人。個別処理人口は浄化槽の1167万人。両者のほかに，汚水が適正に処理されていない未処理人口（し尿は汲み取りまたは単独処理浄化槽で処理するも，台所排水や入浴排水などの生活雑排水は未処理のまま排出している人口）が1292万人いる。

〔資料：DID人口は総務省「平成22年国勢調査」. 生活排水処理インフラ別人口は環境省・国土交通省・農林水産省（2016）「平成27年度末汚水処理人口普及状況について」平成28年9月をもとに作成〕

5）総務省「平成22年国勢調査」.

6）環境省・国土交通省・農林水産省（2016）「平成27年度末汚水処理人口普及状況について」平成28年9月.

国のメッセージ—人口減少社会でも持続可能であるように

人口減少・都市縮小の時代に，総人口の９割を重厚長大の集合処理インフラがカバーすることが，バランスとして適正であるのかどうか。この点に関し，国は控えめに，しかし明確に，メッセージを発している。

例えば，内閣総理大臣が本部長を務める水循環政策本部の策定した「水循環基本計画」[7]（2015年７月）。「**今後の人口規模等を見据え，地域の状況に応じた施設整備や事業運営が必要となる**」とうたい，更新のタイミングにあわせて**施設の「統廃合」「ダウンサイジング」**を行うことを，今後政府が講ずるべき施策として掲げている[8]。さらに，「**持続的な汚水処理システムの構築**」に向けて，下水道，集落排水施設，浄化槽のそれぞれの有する**特性，経済性等を総合的に勘案**して「効率的な整備・運営管理手法を選定した都道府県構想に基づき，**適切な役割分担**の下での計画的な実施を促進する」ことも，今後講ずるべき施策として掲げている[9]。

7）『水循環基本法』（平成26年４月制定）第13条において，５年ごとに策定するよう政府に義務づけられた計画。「1　水循環に関する施策についての基本的な方針，2 水循環に関する施策に関し，政府が総合的かつ計画的に講ずべき施策，3　水循環に関する施策を総合的かつ計画的に推進するために必要な事項」を定め閣議決定する。

8）内閣官房水循環政策本部事務局（2015）「水循環基本計画」平成27年７月―第２部　水循環に関する施策に関し，政府が総合的かつ計画的に講ずべき施策―3　水の適正かつ有効な利用の促進等―（3）水インフラの戦略的な維持管理・更新等.
「水道事業，下水道事業，工業用水道事業等の事業基盤の強化のため，今後の人口規模等を見据え，地域の状況に応じた施設整備や事業運営が必要となる。このため，必要に応じ，更新等に合わせて，施設の統廃合やダウンサイジング，広域化等による施設の再構築，経営の統合や管理の共同化・合理化を図るとともに，民間の経営ノウハウ，資金力，技術力の活用を図るための官民連携の支援を行う。」

9）同―第２部　水循環に関する施策に関し，政府が総合的かつ計画的に講ずべき施策―3　水の適正かつ有効な利用の促進等―（5）水環境.
「生活排水対策として，持続的な汚水処理システムの構築に向け，下水道，集落排水施設，浄化槽のそれぞれの有する特性，経済性等を総合的に勘案して，効率的な整備・運営管理手法を選定した都道府県構想に基づき，適切な役割分担の下での計画的な実施を促進する。」

ここでいう「都道府県構想」とは，どの地域にどの生活排水処理インフラで対応するかについて，コスト比較のうえ都道府県・市町村で連携して決定する整備方針のこと。国は2014年1月，構想策定にあたってのマニュアル（改訂版）を国土交通省，農林水産省，環境省の3省共同でまとめ，都道府県と市町村を“指導”している。そこでは，①既に整備されている汚水処理施設の施設能力等の過不足，**現時点での稼動実績と将来の稼動見込み**，現時点での老朽度合いと**今後の改築・更新見込み等を把握**すること，②**人口減少を見込んだ適切な財政見通し**を立てること，③事業の継続性が確保されるよう**「実施可能事業量」を検討**すること——を市町村と都道府県に求めている[10,11]（注：太字は筆者による）。

要するに，人口減少社会でも持続可能であるように汚水処理システムを地域ごとに適宜見直していきなさい（現状のままでは持続可能ではない地域が少なからずありますよ），ということである。

10）国土交通省・農林水産省・環境省（2014）「持続的な汚水処理システム構築に向けた都道府県構想策定マニュアル」平成26年1月—第4章　処理区域の設定—4-3 既存汚水処理施設の状況の把握.
「今後は，未普及地域の早期概成を進めるとともに，既整備区域における施設の老朽化による改築・更新や人口減少等，汚水処理施設を取り巻く情勢が変化する中，効率的に汚水処理施設を整備しなければならない。そのため，既に整備されている汚水処理施設の施設能力等の過不足，現時点での稼動実績と将来の稼動見込み，現時点での老朽度合いと今後の改築・更新見込み等を把握し，課題の抽出を行った上で検討の基礎資料とする。」

11）同—第6章　整備・運営管理手法を定めた整備計画の策定—6-1　市町村の効率的な運営管理を見据えた整備計画の策定—（3）汚水処理施設の経営の長期見通しを踏まえた実施可能事業量の検討.
「各市町村が整備すべき汚水処理施設の概算事業費の算定結果を基に，建設費及び維持管理費の財源内訳を整理するとともに，料金の適正化や一般会計からの繰入額の想定等も踏まえ，事業の継続性を確保するための経営的視点に立って，人口減少を見込んだ適切な財政見通しに基づいた実施可能事業量の検討を行い，整備計画作成の基礎資料とする。」

整備状況

いまだ人口の１割が「生活排水未処理」

個別処理も集合処理もひっくるめて生活排水処理インフラ総体でみたときに，わが国はどれだけ整備が完了しているのだろうか。直近の統計によれば，2015年度末現在，総人口1億2766万人のうち，89.9％にあたる1億1474万人が，すでに生活排水処理施設を利用中であるか，利用可能な状況下にあるかのいずれかであるとされる（これを「汚水処理人口[12]」という）。

逆にいえば，差し引き1292万人（国民の1割）が，下水道等の集合処

12)「汚水処理人口」とは，公共下水道（都市部）や農業集落排水（農村部）など集合処理施設を利用できる区域に住んでいる住民の人口と，合併処理浄化槽の利用人口を足し合わせたもの。これを総人口で割り返したものが「汚水処理人口普及率」。環境省・国土交通省・農林水産省の3省が毎年合同で取りまとめて発表している。

理施設のない地域で，浄化槽（合併処理浄化槽）[13]もつけず，汲み取り式トイレ，もしくは新設の禁じられた単独処理浄化槽につないだ水洗トイレを使い，台所排水や洗濯排水など「生活雑排水」を未処理のまま側溝や河川に“垂れ流し”しているということでもある（**図2-2-1**，**図2-2-2**）。

図2-2-3は汚水処理人口普及率（総人口に対する汚水処理人口の比率）を時系列でみたグラフだが，1996年の時点では約6割にとどまっていたのが，年を追って緩やかに上昇し，ほぼ9割の水準に達したという経過がみてとれる。公衆衛生・生活環境を向上させ，良好な水資源を後代に残すために，**残り1割の未処理をどう解消するか，“垂れ流し”ゼロ（＝汚水処理人口普及率100%）をいかに達成するか。これが第1の課題である。**国民の9割が果たしている「汚した水は浄化してから公共用水域に戻す」という責務を，残り1割の者が果たさなくてよいという理由はない。

13）浄化槽といえば，今日では，し尿から台所排水浴室排水・洗濯排水まで，建物で発生する生活排水全般を扱う「合併処理浄化槽」を指す。一方，生活雑排水処理機能は備えていないタイプの旧式の浄化槽は，正式名称を「単独処理浄化槽」と称し，2000年の『浄化槽法』改正によって新設が禁じられ，すでに設置されているものに限って暫定的に使用が認められている（法令上は，「既設単独処理浄化槽」として定義され，俗称は「みなし浄化槽」）。ただし，いつまで使用が認められるかの期限は定められておらず，今日に至るまでの法施行後十余年もそのまま“みなし”のまま認められ，現時点でもなお，設置基数において，みなし浄化槽（423.3万基）が正式な浄化槽（341.8万基）を上回るという異常な事態となっている。その背景には，浄化槽の設置および維持管理は建物の所有者が行うものであり，単独型から合併型に切り替えるには，古い単独処理浄化槽の撤去費用と新しい合併処理浄化槽の設置費用を所有者が二重に負担しなくてはらなないため，これがボトルネックとなって切り替えが進んでいないものとみられる。浄化槽を新設すれば，設置者自身に「トイレが衛生的で臭わなくなる」という直接的メリットがもたらされるものの，単独処理浄化槽から合併処理浄化槽に買い替えて生活雑排水を浄化処理することのメリットは設置者というより当該地域の下流に位置する地域一帯にもたらされるものであるため，「二重の負担」に踏み切る動機づけとしては弱いということかもしれない。

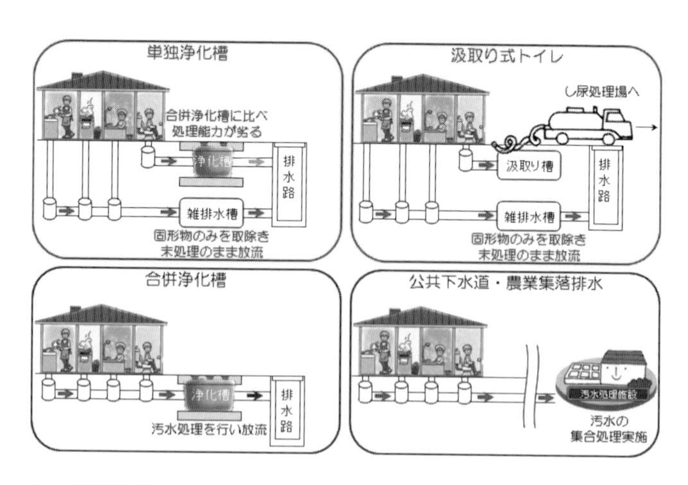

図 2-2-1　各汚水処理における汚水の流れ

〔資料：伊勢崎市ホームページ「単独浄化槽・汲取り式トイレをご利用の方へのお願い」. http://www.city.isesaki.lg.jp/www/contents/1356658459260/index.html（最終閲覧日　2016 年 10 月 1 日）〕

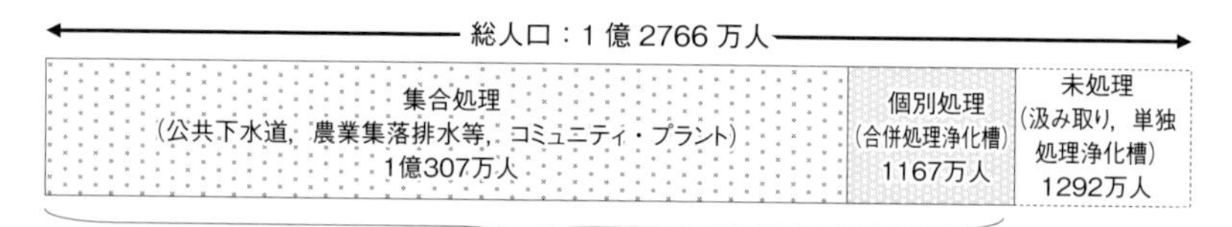

図 2-2-2　汚水処理人口（集合処理・個別処理）と未処理人口（2015 年度）

※福島県において，東日本大震災の影響により調査不能な市町村（相馬市，南相馬市，広野町，楢葉町，富岡町，川内村，大熊町，双葉町，浪江町，葛尾村，飯舘村）を除く。

〔資料：環境省・国土交通省・農林水産省（2016）「平成 27 年度末汚水処理人口普及状況について」平成 28 年 9 月〕

2030 年代半ば以降は人口とインフラ整備水準が逆転？

汚水処理人口普及率が年々上昇する一方で，わが国は 2008 年を境に人口減少社会へと転じた。最後の頼みの綱といわれていた団塊ジュニア世代

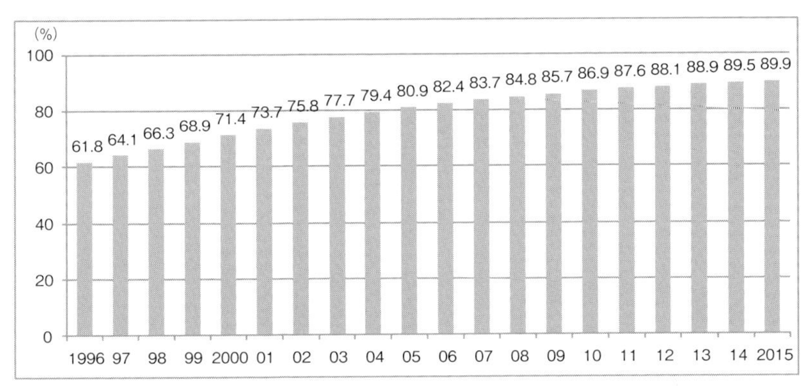

図 2-2-3　汚水処理人口普及率※1 の推移

※1　汚水処理人口普及率は，下水道，農業集落排水施設等，浄化槽，コミュニティ・プラントの各汚水処理施設の普及状況を，人口で表したもの。

※2　2010 年：東日本大震災の影響により調査不能な市町村があった岩手県，宮城県および福島県の 3 県を除く。

※3　2011 年：東日本大震災の影響により調査不能な市町村があった岩手県および福島県の 2 県を除く。

※4　2012～2014 年：東日本大震災の影響により調査不能な市町村があった福島県を除く。

※5　2015 年：福島県において，東日本大震災の影響により調査不能な市町村（相馬市，南相馬市，広野町，楢葉町，富岡町，川内村，大熊町，双葉町，浪江町，葛尾村，飯舘村）を除く。

〔資料：環境省・国土交通省・農林水産省（2016）「平成 27 年度末汚水処理人口普及状況について」平成 28 年 9 月〕

もあと 2～3 年ほどで「出産適齢期」を過ぎる計算であり，その後は子どもを産む年齢層の女性の人口（文字通り「母数」）が減る不可逆な少子化社会に突入する。2016 年 4 月現在 1 億 2699 万人の人口は，2038 年には 1 億 1000 万人を割り込み，その 10 年後の 2048 年には 1 億人を下回ることになる，というのが国立社会保障・人口問題研究所の見立てである[14]。

今日，生活排水処理インフラによってカバーされている人口（＝汚水処理人口）は 1 億 1474 万人。仮に，ざっくり日本全体で人口とインフラを

14) 国立社会保障・人口問題研究所（2012）「日本の将来推計人口（平成 24 年 1 月推計）」平成 24 年 1 月.

対置させてみると，**図2-2-4**[15] のように，現状のインフラで2030年代半ば以降は“間に合ってしまう”計算だ〔注：図は2013（平成25）年度の整備水準で比較している〕。処理能力を「供給」，人口を「需要」と見立てれば，いずれ「供給＞需要」となり，そのギャップは年を追って拡大していくということだ。

ただし，それは全国一律に起こる現象ではない。人口増減もインフラの状況も，地域によって様々。撤去や統廃合が必要な地域もあれば，さらなる新規整備を要する地域もある。**図2-2-5**は，汚水処理人口普及率を市区町村の人口規模別（都市規模）に視覚化したものだが，人口100万人以上の大都市では99.5%に達し，生活排水処理インフラの整備はほぼ完了している一方で，人口規模が小さくなるほど普及率は低く，人口規模5万人未満の市町村では77.5%にとどまっていることがわかる。ちなみに，普及率の最低値は，都道府県では徳島県の57.3%，市町村では沖縄県国頭村の12.0%となっている。

こうしたことから，公共下水道などの整備の重点は現在，人口規模が小

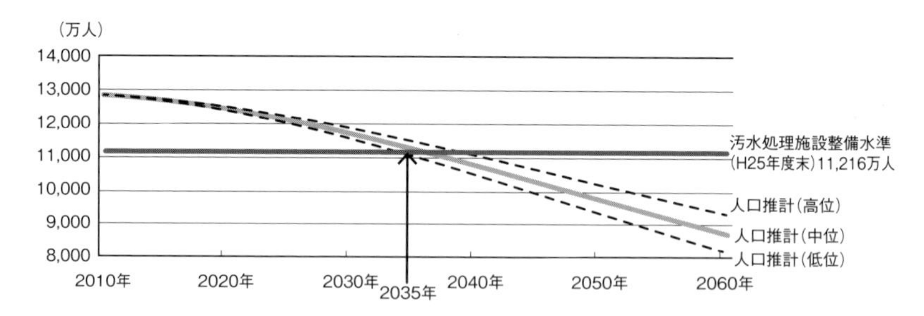

図2-2-4　汚水処理施設の整備水準（2013年度末）と人口の推移

〔資料：財務省　財政制度等審議会財政制度分科会（2015）「資料3　社会資本整備について」平成27年5月11日〕

15) 財務省主計局が財政制度等審議会財政制度分科会（2015年5月11日）に示した資料から抜粋。同省の小野主計官は分科会での資料説明で「これから将来人口減少，あるいは維持管理・更新費用の負担が増えてくることを踏まえれば，新規投資はこれまで以上に厳選していく必要があるのではないか」と述べている〔財政制度等審議会財政制度分科会（2015年5月11日）議事録より〕。

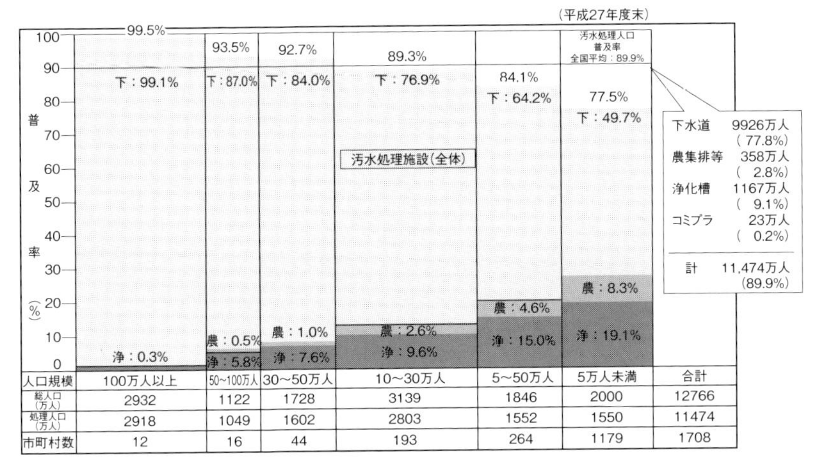

人口規模	100万人以上	50~100万人	30~50万人	10~30万人	5~50万人	5万人未満	合計
総人口(万人)	2932	1122	1728	3139	1846	2000	12766
処理人口(万人)	2918	1049	1602	2803	1552	1550	11474
市町村数	12	16	44	193	264	1179	1708

図 2-2-5　都市規模別汚水処理人口普及率

※1　総市町村数1708の内訳は，市 790，町 738，村 180（東京都区部は市数に1市として含む）。

※2　総人口，処理人口は1万人未満を四捨五入した。

※3　都市規模別の各汚水処理施設の普及率が0.5%未満の数値は表記していないため，合計値と内訳が一致しないことがある。

※4　平成27年度末は，福島県において，東日本大震災の影響により調査不能な市町村（相馬市，南相馬市，広野町，楢葉町，富岡町，川内村，大熊町，双葉町，浪江町，葛尾村，飯舘村）を除いた値を公表している。

〔資料：環境省・国土交通省・農林水産省（2016）「平成27年度末汚水処理人口普及状況について」平成28年9月〕

さい市町村に重点が置かれている。しかし，今後の人口減少は，まさにこのような人口規模の小さい市町村で急激に進むのである。

人口減少への対応，容易な浄化槽⇔困難な下水道

人口の減少が避けられないなら，インフラは柔軟に撤去・統廃合するのが理想である。だが，生活排水処理分野のインフラは，その種類によって柔軟性に雲泥の差がある。

例えば，「浄化槽」は個々の建物に設置する設備だから，空き家が生じた場合には，その家の浄化槽を撤去もしくは砂埋めにするだけで済む。すなわち，政策的配慮の必要性は生じない。一方で，地中に管路をはわせ，汚水を集めて集合処理する下水道の場合，人口が減り続けても，また流れる汚水量が減り続けても，そこに汚水が流される限り，必要なインフラとして維持し続けなければならない。浄化槽は簡単に“店じまい”できるが，下水道の場合はそうはいかないのである。

すなわち，人口減少に対し，浄化槽は柔軟に対応できる一方で，下水道は当然に「整備過剰」に転じうる。維持管理のためのコストを単価（1人当たりの負担）でみたときに，浄化槽は人口減の影響を直接的には受けないが[16)]，地域単位で整備される下水道では，人口がゼロにならない限り“人口減少＝1人当たり負担の増加”に直結する。下水道は，人口増加局面ではすでに整備されているインフラを利用する人数（＝料金を負担する人数）が増えていくので，割り算で単価（1人当たり負担）は下がっていく。しかし人口減少局面ではまったく逆の位相になり，1人当たり負担が増加していくということだ。

そして前述したように，わが国における生活排水処理インフラの9割はすでに下水道などによる集合処理方式である。人口減少がさらに進行するわが国において，これで本当に維持し続けられるのか。**いずれ破綻が必至であるなら，生活排水処理インフラそのものを持続可能なあり方へと速やかに再構築しなければならない。これが第2の課題である。**

4割の市町村で下水道“整備過剰”状態

汚水処理に関する普及・啓発活動を実施している公益財団法人日本環境整備教育センターでは，生活排水処理インフラの整備水準と将来の人口増

16）ただし，当該地域において，人の住む建物数が減り，浄化槽の維持管理にあたる清掃業者や保守点検業者の採算が合わなくなり，やむなく料金を引き上げるということは起こりうる。

減を全国都道府県・市町村単位で照らし合わせシミュレーションを試みている[17]。それによると，下水道など集合処理インフラが現状と同水準のまま2040年まで使い続けられた場合，人口減によって結果的に「整備過剰」となる見込みの地域が，都道府県単位では計17都道府県（富山県，北海道，長野県，兵庫県，鳥取県，大阪府，山形県，福井県，京都府，秋田県，東京都，神奈川県，石川県，新潟県，滋賀県，岐阜県および奈良県），市町村単位では約4割の682市町村にのぼるという（**表2-2-1**，**表2-2-2**）。

すなわち，これらの地域では1人当たりの利用料負担の上昇は必至だ。それをしっかり利用者に転嫁しないで，公費の繰り入れで対応しようとするならば，人口減少の進行に伴って繰入額は雪だるま式に膨れ上がり，自治体財政は首が回らなくなる，ということである。繰り返しになるが，人口減少がやまない限り，1人当たり下水道使用料負担はどこまでも上昇し続ける。

下水道は人口が密集した地域で経済的優位性を発揮するインフラである。人口がさほど密集していない地域では，人口1人当たりにかかる管路敷設コストや維持管理コストが跳ね上がってしまい，相対的に不経済となる。そのため，下水道か浄化槽かのインフラ選択にあたって目安とされてきたのは，「**人口密度が1ヘクタール当たり40人以上の地区が連なって5000人以上の集積があるかどうか**」だった。この条件に合致する地域を「人口集中地区」（DID：Densely Inhabited Districts）というが，人口集中地区は下水道で，そうでない地域は浄化槽で，という切り分けである。

しかし，日本環境整備教育センターの分析によれば，整備過剰見込みの682市町村のうち319市町村は，人口集中地区をもたない市町村だった（**表2-2-1**のG7）。すなわち，人口が増えない限り採算割れが確実な人口閑散の地において，現に下水道を選択している市町村が319あるという

17）国安克彦・日本環境整備教育センター理事（2015）「将来推計人口とDID人口に対する生活排水処理施設の整備状況」平成27年11月.

表 2-2-1　汚水処理施設・集合処理施設の整備状況分析―人口集中地区居住人口および 2040 年推計人口との対比

2040年推計人口との対比 ／ 人口集中地区の有無／同地区の居住人口との対比		現在の**汚水処理**施設の整備状況が2040年時点の需要を下回る地域=579市町村(①) 現在の**汚水処理**人口 ≦ 2040年推計人口	現在の**汚水処理**施設の整備状況が2040年時点の需要を上回る地域=1080市町村(②) 現在の**汚水処理**人口 ＞ 2040年推計人口	
			集合処理施設に絞れば,2040年時点の需要を下回る地域=398市町村(②−1) 現在の**集合処理**人口 ≦ 2040年推計人口	**集合処理**施設に絞っても,2040年時点の需要を上回る地域=682市町村(②−2) 現在の**集合処理**人口 ＞ 2040年推計人口
人口集中地区のある市町村=812市町村(B)	現時点で人口集中地区に住む人口を超えて,**集合処理**インフラが整っている地域(整備過剰の傾向)=619市町村(B−い) 現在の**集合処理**人口 ＞ 人口集中地区の居住人口	G3 (152市町村) 川崎市,水戸市,島根県浜田市,滋賀県守山市,岐阜県北方町,大阪府田尻町など	G6 (135市町村) さいたま市,熊本市,宇都宮市,高松市,津市,山口市など	G9 (332市町村) 横浜市,大阪市,名古屋市,札幌市,神戸市,福岡市,京都市など
	現時点で人口集中地区に住む人口が,**集合処理**インフラの対象人口を上回っている地域(整備途上の状況)=193市町村(B−あ) 現在の**集合処理**人口 ≦ 人口集中地区の居住人口	G2 (132市町村) 岡山市,松山市,大分市,和歌山市,徳島市,東村山市,三鷹市,有田市,神奈川県真鶴町など	G5 (30市町村) 鹿児島市,高知市,三重県名張市,北海道岩内町など	G8 (31市町村) 静岡市,府中市,小金井市,国分寺市,三郷市,守口市など
人口集中地区のない市町村=847市町村(A)		G1 (295市町村) 東京都御蔵島村,山梨県南アルプス市など	G4 (233市町村) 東京都青ヶ島村,宮城県栗原市など	G7 (319市町村) 新潟県粟島浦村,兵庫県丹波市など

※汚水処理人口は環境省・国土交通省・農林水産省（2015）「平成 26 年度末汚水処理人口普及状況について」による。集合処理人口は下水道と農業集落排水施設等の処理人口の合計値。2040 年人口は国立社会保障・人口問題研究所（2013）「日本の地域別将来推計人口（平成 25 年 3 月推計）」による。

〔資料：国安克彦・日本環境整備教育センター理事（2015）「将来推計人口と DID 人口に対する生活排水処理施設の整備状況」平成 27 年 11 月をもとに作成〕

【表の見方】

縦軸は，現在の整備状況と 2040 年の推計人口を対比させて，全市町村を 3 区分している。それぞれ，

- 現在の汚水処理人口が 2040 年推計人口を下回る市町村（＝まだ整備途上とみられる市町村）は 579（①）。
- 現在の汚水処理人口が 2040 年推計人口を上回っている市町村は 1080（②）。

②のうち，

- 下水道など集合処理施設に絞れば 2040 年人口を上回るには至らない市町村が 398（②-1）。
- 絞ってさえも 2040 年人口を上回っている市町村が 682（②-2）。

であることを表している。

横軸は，第一段階で圏内に人口集中地区※1 を有しているか否かで切り分け，有している場合について，第二段階で「当該地区に住む人口」と下水道など「集合処理施設の整備された地域に住む人口」の多寡を対比させ，計 3 区分としている。それぞれ，

- 人口集中地区のない市町村（＝現在集合処理施設の必要がそもそもないとみられる市町村）は 847（A）。
- 人口集中地区のある市町村は 812 市町村（B）。

Bのうち，

・「人口集中地区に住む人口」が「集合処理施設の整備された地域に住む人口」を上回っている市町村（＝集合処理施設が整備過剰とはなっていないとみられる市町村）が193（B-あ）。

・下回っている市町村（＝整備過剰となっているとみられる市町村）が619（B-い）。

であることを表している。

———以上の縦軸と横軸を3×3で掛け合わせて，9区分に分類し，それぞれのセルに，左下から右上の順で，G1～G9と付番してある。

※1　人口集中地区：人口密度が1ha当たり40人以上の地区が連なって5000人以上の集積がある地区

表2-2-2　都道府県別，2040年推計人口に対する現在の汚水処理施設の整備量

	現在の汚水処理人口普及率：%※1		2040年時点の人口と現在の整備量を対比すると……	2040年時点の人口でみた「汚水処理人口普及率」：%			
				（汚水処理施設全体）		（集合処理に限った場合）	
	2014年度の汚水処理人口／2014年度の総人口			2014年度の汚水処理人口／2040年の推計人口		2014年度の集合処理人口※4／2040年の推計人口	
1	東京都	99.7（0.2）		秋田県	126.8	富山県	118.4
2	兵庫県	98.6（1.9）		長野県	124.7	北海道	118.4
3	滋賀県	98.3（2.9）		富山県	123.3	長野県	117.4
4	神奈川県	97.8（1.3）		山形県	122.4	兵庫県	114.8
5	長野県	97.3（5.7）		北海道	122.2	鳥取県	112.9
6	京都府	97.2（2.2）		鳥取県	120.3	大阪府	112.9
7	大阪府	97.0（2.0）		兵庫県	118.6	山形県	112.0
8	富山県	95.9（3.6）		福井県	118.1	福井県	111.8
9	北海道	94.7（3.0）		大阪府	115.3	京都府	110.0
10	福井県	93.5（5.0）		岐阜県	113.6	秋田県	109.9
11	石川県	92.9（4.4）		山口県	113.0	東京都	107.8
12	鳥取県	91.4（5.5）		京都府	112.5	神奈川県	105.4
13	岐阜県	90.7（10.5）		奈良県	111.0	石川県	104.7
14	福岡県	90.5（9.4）		新潟県	111.0	新潟県	104.0
15	山形県	90.1（7.7）		石川県	110.2	滋賀県	103.3
16	埼玉県	90.0（9.4）		青森県	110.1	岐阜県	100.2
17	宮城県	89.5（6.6）		東京都	108.1	奈良県	100.1
18	愛知県	88.4（10.5）		岩手県	107.4	宮城県	97.2
19	奈良県	87.5（8.3）		神奈川県	106.9	青森県	96.3
20	広島県	85.9（11.4）		滋賀県	106.5	福岡県	94.3
21	千葉県	85.8（12.8）		福岡県	105.6	埼玉県	93.4
22	新潟県	85.5（5.4）		宮城県	105.3	山口県	91.3
23	山口県	84.9（16.3）		熊本県	104.5	岩手県	89.8
24	熊本県	84.7（14.3）		長崎県	104.5	広島県	88.5

整備過剰の見込み

25	沖縄県	84.7（10.1）	**埼玉県**	**104.3**	熊本県	86.8
26	秋田県	84.5（11.3）	**宮崎県**	**104.0**	長崎県	86.1
27	栃木県	83.7（15.4）	**島根県**	**104.0**	千葉県	85.1
28	岡山県	83.6（16.3）	**山梨県**	**103.0**	愛知県	84.9
29	宮崎県	83.0（21.5）	**広島県**	**102.8**	山梨県	84.7
30	三重県	82.2（25.9）	**栃木県**	**101.9**	栃木県	83.1
31	茨城県	81.5（15.5）	**高知県**	**101.5**	島根県	82.9
32	山梨県	80.6（13.6）	**三重県**	**101.0**	佐賀県	81.1
33	佐賀県	79.9（14.4）	**岡山県**	**100.4**	岡山県	80.8
34	長崎県	78.1（13.4）	**千葉県**	**100.2**	茨城県	80.6
35	岩手県	77.8（12.6）	**茨城県**	**100.1**	沖縄県	79.0
36	静岡県	77.8（15.0）	愛媛県	99.6	静岡県	77.7
37	群馬県	77.5（18.0）	佐賀県	99.0	宮崎県	77.1
38	島根県	77.0（15.0）	鹿児島県	97.7	愛媛県	72.1
39	青森県	76.4（9.6）	静岡県	96.7	群馬県	71.8
40	鹿児島県	76.4（32.6）	愛知県	96.5	三重県	69.0
41	愛媛県	75.3（20.4）	群馬県	95.5	大分県	63.9
42	香川県	73.4（27.7）	香川県	95.1	香川県	59.1
43	高知県	73.3（34.0）	沖縄県	89.8	鹿児島県	55.7
44	大分県	72.3（20.8）	大分県	89.8	高知県	54.2
45	和歌山県	59.0（29.6）	和歌山県	82.0	和歌山県	40.9
46	徳島県	55.7（34.7）	徳島県	75.4	徳島県	27.0
47	福島県	—	福島県	—	福島県	—
	全　国	89.5※3（8.9）	全　国	106.6	全　国	95.7

整備過剰の見込み

※1　（　　）内は浄化槽普及率。
※2　東日本大震災の影響で福島県は調査対象外。
※3　平成26年度89.5％の内訳は，下水道が77.6％，農業集落排水施設等が2.8％，浄化槽が8.9％，コミプラが0.2％。
※4　集合処理人口は，下水道と農業集落排水施設等の処理人口の合計値．浄化槽とコミプラを含まない。
〔資料：国安克彦（2015）・日本環境整備教育センター理事「将来推計人口とDID人口に対する生活排水処理施設の整備状況」平成27年11月を一部修正〕

ことだ。これは全市町村の約2割に相当する。もちろん，なかには下水道敷設後に人口減少に見舞われたような“不運な見通しの間違い”もあるだろうが，同センターのレポートは「既に過剰となっているケースが多く，下水道会計への操出が自治体財政を圧迫していることから，可及的速やかにダウンサイジングを図る必要がある」と警鐘を鳴らしている。

整備が過剰気味になっているのは，人口増加を予定していた都市部も同じである。横浜市，大阪市，名古屋市，札幌市，神戸市，福岡市，京都市などでは，現時点で「人口集中地区に居住する人口」と「下水道など集合処理インフラの対象人口」が釣り合っていない（＝本来的な需要以上に整備されてしまっている）ことがわかっている。原因としては，①計画時より人口集中地区に居住する人口が減少したこと（または計画通りに人口が増加しなかった），②人口集中地区に該当しない郊外も下水道処理区域として整備対象としたこと，①②のいずれか，もしくはその両方が考えられる。こうした「釣り合っていない」市町村は全国に332ある（**表2-2-1**のG9）。日本環境整備教育センターは，これらの市町村についても「可及的速やかにダウンサイジングを図る必要がある」としている。

以上のように，人口集中地区をもたないながらも下水道が提供されている319市町村（G7），人口集中地区の居住人口より下水道処理人口が上回っている332市町村（G9），あわせて全市町村の約4割を占める651市町村が，現時点でもすでに整備過剰となっているものとみられる。

鶏を割くのに牛刀を用いる愚策

もう一つ大事なことは，**表2-2-1**においてG1〜G9の9パターンに分類した市町村のなかで，集合処理施設の整備を進めることによって利用人口の増加（＝使用料負担人口の増加）というプラスの結果につながるとみられる市町村が，G2の132市町村（松山市，岡山市，大分市，和歌山市，徳島市など）しかないということだ[18]。それ以外の地域で集合処理施設の整備を進めれば，大なり小なり整備過剰に拍車をかけることとなる。

ただ，G2の132市町村についても，今後の人口の動向によっては整備過剰になりうる。そもそも，本シミュレーションのベースになっている国立社会保障・人口問題研究所の推計人口は，地方都市を深く悩ます「人口流出」が勘定に入っていない。その点，実態はもっと厳しく推移する可能性が高いことに留意が必要だ。

18)「現在の汚水処理人口が2040年推計人口に達していない（2040年時点の需要に対して現時点での供給が過小）」という条件と，「現在の集合処理人口が人口集中地区の居住人口よりも少ない（現時点の需要に対しても過小）」という条件をともに満たしているのは唯一，G2の132市町村。

ここまで確認してきたように，現在わが国の生活排水処理インフラは，①いまだ国民の1割が汚水を未処理放流している状況を解消する（垂れ流しゼロ），②今後さらに人口が減少するなかにあっても破綻せず持続可能であるように体制を再構築する（ダウンサイジング）という二つの重い課題を背負っている。①の課題を抱えているのは主として人口のまばらな地域であり，この解決のために下水道を整備拡充するということは，まさに牛刀割鶏の如し。②の解決が危うくなるだけである。

計画の洗い直しが必要である。

―日本全体で下水道が供給超過？　DID 人口を 40 ポイント上回る県も

下水道の現在の“需給状況”を都道府県別に対比させてみたのが，**図 2-2-6** だ。棒グラフはし尿の処理方法別人口割合を，折れ線グラフは人口集中地区に

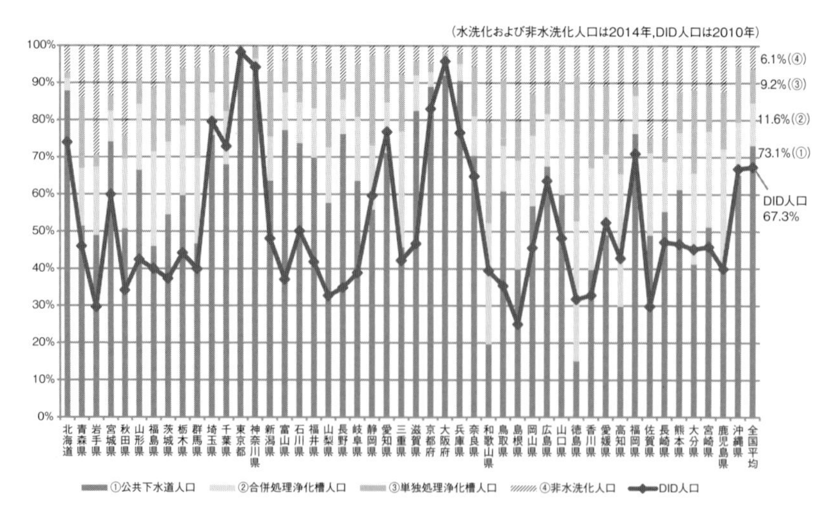

図 2-2-6　都道府県別にみた汚水処理施設の普及状況と DID 人口

〔資料：環境省（2016）「平成 26 年度一般廃棄物処理実態調査結果」（平成 28 年 2 月）．DID 人口は，総務省「平成 22 年国勢調査」．石井吉春「下水道事業の持続可能性を考える」p6，［図 2］都道府県別にみた汚水処理施設の普及状況①（平成 18 年度）を参考に作成〕

居住する人口（DID人口）の総人口に占める割合を表している。ここで「DID人口＜公共下水道人口」となっている都道府県は，供給超過の傾向があるとみることができる。

全国平均値を右端に示しているので，順にみていこう。

①公共下水道人口（下水道によって水洗トイレを使用している人口）は73.1%，②合併処理浄化槽人口（合併処理浄化槽によって水洗トイレを使用している人口）は11.6%，③単独処理浄化槽人口（単独処理浄化槽によって水洗トイレを使用している人口）は9.2%，④非水洗化人口（汲み取り便所を使用している人口）は6.1%となっている。一方，DID人口の割合は67.3%。してみると，日本全体でみて，わずかに「DID人口＜公共下水道人口」となっている。すなわち，供給超過の傾向にあることがうかがえる。

都道府県別には，一見してDID人口も公共下水道人口も，東京都と大阪府が突出していることが目につく。一方，DID人口が少なかったのは島根県，岩手県，佐賀県の3県だが，いずれも15～20ポイントほど公共下水道人口が上回っている（下水道供給超過の傾向）。下水道供給超過がはっきりうかがえるのは長野県（DID人口34.8%，公共下水道人口76.2%，差41.4ポイント），富山県（DID人口37.1%，公共下水道人口77.2%，差40.1ポイント），滋賀県（DID人口46.7%，公共下水道人口82.5%，差35.8ポイント）の3県だ。また，生活雑排水を未処理で放流している人口（単独処理浄化槽＋非水洗化人口）が多いのは徳島県と和歌山県で，いずれも人口の2分の1が垂れ流ししている状況にある。

この10年で下水道人口が19%増えた県，合併浄化槽が5%減った県

参考として，**図2-2-7**に10年前のデータを示した。この時点では，全国平均でみて，まだ公共下水道人口がDID人口を上回ってはいない。都道府県別にみても，公共下水道人口がDID人口を上回っているのは21道県と半数以下である（これが10年後には35都道府県へと拡大する）。この10年で全国のDID人口は2.1ポイント増えたが，公共下水道人口はそれを十二分に上回る10.4ポイント増となった。合併処理浄化槽人口は1.3ポイント増にとどまっている。

都道府県別にみると（**表2-2-3**），この10年間で公共下水道人口の割合が大きく拡大したのは，富山県（58.2%→77.2%），滋賀県（63.8%→82.5%），佐賀県（30.5%→49.0%），長野県（58.3%→76.2%），山形県（48.9%→66.4%）など。一方，合併処理浄化槽は12都府県で割合を減らしており，特に減少幅が大きいのは長野県（▲5.0%），滋賀県（▲5.8%）の2県だった。

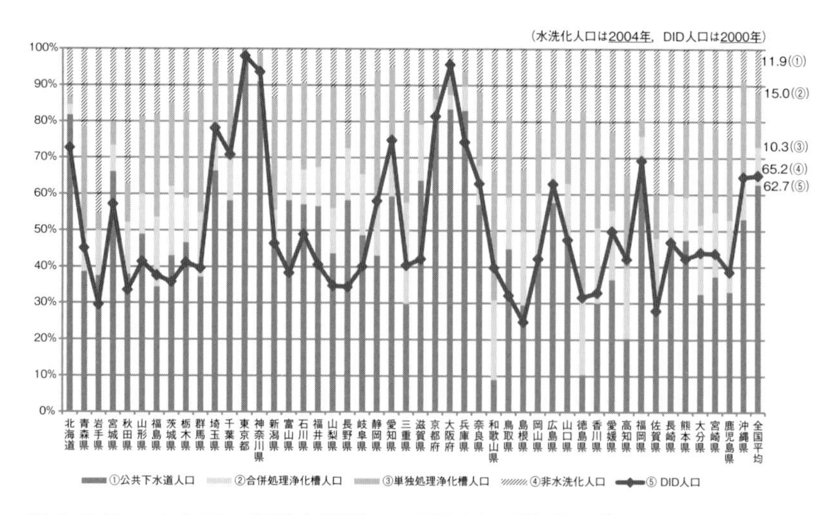

図 2-2-7　10 年前の都道府県別にみた汚水処理施設の普及状況と DID 人口

〔資料：環境省（2006）「平成 16 年度一般廃棄物処理実態調査結果」．DID 人口は，総務省「平成 12 年国勢調査」〕

表 2-2-3　水洗化人口等の増減（平成 16 年度→ 26 年度）

平成 16 年度（総人口に対する割合：%）／平成 26 年度（総人口に対する割合：%）／増減（ポイント）

都道府県	平成16年度 ①公共下水道人口	②合併処理浄化槽人口	③単独処理浄化槽人口	④非水洗化人口	⑤DID人口	平成26年度 ①公共下水道人口	②合併処理浄化槽人口	③単独処理浄化槽人口	④非水洗化人口	⑤DID人口	増減 公共下水道人口割合の増減	合併浄化槽人口割合の増減	DID人口割合の増減
北海道	81.8	2.8	2.1	13.2	72.7	87.8	3.4	1.5	7.3	74.0	6.0	0.6	1.3
青森県	38.6	10.4	29.6	21.4	45.1	51.4	15.5	19.1	14.0	46.0	12.8	5.1	0.9
岩手県	37.5	12.4	4.9	45.2	29.5	48.9	18.4	3.4	29.3	29.6	11.4	6.0	0.1
宮城県	66.0	7.4	6.5	20.0	57.2	74.2	8.3	4.2	13.4	59.9	8.2	0.9	2.7
秋田県	37.9	14.3	10.7	37.1	33.5	50.8	18.7	6.3	24.2	34.2	12.9	4.4	0.7
山形県	48.9	11.1	21.5	18.5	41.4	66.4	17.8	6.6	9.2	42.4	17.5	6.7	1.0
福島県	34.3	19.3	28.4	18.0	37.6	46.0	25.6	17.2	11.3	40.0	11.7	6.3	2.4
茨城県	43.0	19.1	23.1	14.8	35.8	54.5	19.7	17.3	8.5	37.3	11.5	0.6	1.5
栃木県	46.7	12.2	23.8	17.3	41.2	59.7	18.9	15.3	6.2	44.2	13.0	6.7	3.0
群馬県	37.2	17.7	33.0	12.0	39.6	46.7	23.0	24.5	5.8	39.9	9.5	5.3	0.3
埼玉県	66.3	10.4	19.4	3.9	78.2	75.9	11.4	10.9	1.7	79.6	9.6	1.0	1.4
千葉県	58.1	14.5	20.8	6.5	70.8	68.0	14.4	14.6	3.0	72.9	9.9	-0.1	2.1
東京都	97.1	1.0	1.3	0.6	98.0	99.1	0.3	0.4	0.2	98.2	2.0	-0.7	0.2
神奈川県	90.9	1.8	6.1	1.2	93.6	95.0	1.5	3.1	0.4	94.2	4.1	-0.3	0.6
新潟県	46.8	8.8	30.9	13.5	46.4	63.6	12.0	17.5	6.8	48.1	16.8	3.2	1.7
富山県	58.2	11.0	20.9	9.8	38.3	77.2	10.2	8.6	4.0	37.1	19.0	-0.8	-1.2
石川県	57.2	9.5	24.0	9.3	48.9	73.8	11.0	11.6	3.7	50.1	16.6	1.5	1.2
福井県	56.6	10.8	19.7	12.9	40.6	69.7	13.4	12.3	4.6	41.8	13.1	2.6	1.2
山梨県	43.7	12.4	33.4	10.5	34.7	57.6	15.0	21.4	5.9	32.6	13.9	2.6	-2.1
長野県	58.3	14.3	4.0	23.3	34.4	76.2	9.3	5.1	9.3	34.8	17.9	-5.0	0.4
岐阜県	48.7	16.8	22.0	12.5	40.1	63.5	17.4	14.1	5.0	38.9	14.8	0.6	-1.2

静岡県	43.1	13.1	37.7	6.2	58.1	55.8	17.3	24.3	2.6	59.6	12.7	4.2	1.5
愛知県	59.4	12.2	23.6	4.9	74.8	71.1	13.7	13.1	2.1	76.8	11.7	1.5	2.0
三重県	29.8	27.9	25.2	17.1	40.4	45.7	31.3	15.3	7.7	42.2	15.9	3.4	1.8
滋賀県	63.8	15.4	7.4	13.4	42.2	82.5	9.6	3.9	4.1	46.7	18.7	-5.8	4.5
京都府	81.3	4.8	3.3	10.5	81.5	89.0	4.0	2.3	4.7	83.0	7.7	-0.8	1.5
大阪府	83.4	4.0	7.0	5.5	95.7	92.0	2.7	3.2	2.1	95.8	8.6	-1.3	0.1
兵庫県	83.0	6.7	4.3	6.0	74.3	90.6	4.6	2.7	2.1	76.6	7.6	-2.1	2.3
奈良県	57.1	10.8	20.4	11.7	62.9	70.3	10.8	13.3	5.6	64.8	13.2	0.0	1.9
和歌山県	9.0	21.9	35.7	33.5	39.8	19.7	32.7	27.1	20.6	39.5	10.7	10.8	-0.3
鳥取県	45.0	14.3	22.0	18.8	32.1	60.8	12.1	17.8	9.2	35.3	15.8	-2.2	3.2
島根県	29.5	20.4	17.1	33.1	24.8	39.9	29.2	10.7	20.2	25.0	10.4	8.8	0.2
岡山県	41.3	19.1	16.7	22.9	42.3	56.8	19.0	11.3	12.9	45.6	15.5	-0.1	3.3
広島県	57.7	12.0	13.4	16.9	62.8	67.5	14.2	7.2	11.1	63.6	9.8	2.2	0.8
山口県	48.3	14.8	17.4	19.6	47.5	59.9	20.2	10.4	9.6	48.2	11.6	5.4	0.7
徳島県	10.4	22.4	50.2	17.0	31.6	15.1	37.7	39.1	8.1	31.7	4.7	15.3	0.1
香川県	30.1	20.8	28.6	20.6	32.8	39.7	27.4	21.8	11.1	32.8	9.6	6.6	0.0
愛媛県	36.5	19.2	21.6	22.7	49.8	49.1	21.7	18.5	10.8	52.4	12.6	2.5	2.6
高知県	20.3	19.4	25.8	34.5	42.1	29.8	35.7	14.0	20.5	42.8	9.5	16.3	0.7
福岡県	65.9	10.0	4.8	19.3	69.2	76.3	10.3	2.7	10.7	70.9	10.4	0.3	1.7
佐賀県	30.5	17.5	12.2	39.9	27.9	49.0	22.1	4.1	24.7	29.8	18.5	4.6	1.9
長崎県	46.1	13.9	3.8	36.1	46.8	55.4	13.3	6.4	25.0	47.1	9.3	-0.6	0.3
熊本県	47.5	11.8	20.1	20.6	42.3	61.3	15.4	10.9	12.5	46.6	13.8	3.6	4.3
大分県	32.5	19.2	28.4	20.0	44.0	41.2	24.5	22.5	11.8	45.2	8.7	5.3	1.2
宮崎県	37.4	17.8	23.0	21.8	43.7	51.2	25.7	12.5	10.6	45.9	13.8	7.9	2.2
鹿児島県	33.1	19.9	22.3	24.6	38.6	39.4	32.9	15.5	12.2	39.9	6.3	13.0	1.3
沖縄県	53.2	10.9	27.4	8.6	64.7	65.2	14.3	15.1	5.3	66.8	12.0	3.4	2.1
全国平均	62.7	10.3	15.0	11.9	65.2	73.1	11.6	9.2	6.1	67.3	10.4	1.3	2.1

〔資料：環境省「一般廃棄物処理実態調査結果」. DID 人口は，総務省「国勢調査」をもとに作成〕

次に，「生活排水処理インフラ」における財政収支の現状と見通しについて概観してみたい。なお，個別処理（浄化槽）については建物所有者が自己負担して設置・維持管理するものであり，人口変動の影響も受けないことから分析の対象から外し，公共下水道などの「集合処理」に絞って述べることとする。

下水道の費用負担，「汚水は使用料で，雨水は税で」の“原則”

集合処理の下水道は，上水道と同様，地方公共団体により経営される企業＝地方公営企業によって運営されている。資本を投じて設備を設け，住民向けにサービスを提供し，その対価として受け取る利用料によって，維持管理と投下資本の回収に充てている。ゆえに，会計区分上も，強制力をもって徴収する税財源で一般行政事務を行う「一般会計」とは明確に切り分けて，独立した「特別会計」のもとで運営されている[19]。

下水道の整備には，建設段階で巨額の費用がかかる。これを，①市町村の借金（下水道事業債），②整備予定地区の地権者から徴収する「受益者負担金」[20]，および自治体からの持ち出し分で賄う（これに加え，国の補助金が交付される場合もある）[21]。

下水道事業債は，サービス開始後に利用者から得る「下水道使用料」に

19）地方公営企業には，①『地方公営企業法』の適用を受けて民間業並みの「企業会計方式」で運営される事業（法適用事業）と，②同法の適用を受けずに一般行政事務と同様の「官庁会計方式」で運営される事業（法非適用事業）がある。上水道は全国一律に『地方公営企業法』の適用を受けるが，下水道は地方公共団体の任意で適用・非適用を選択することとなっており，2016年4月1日現在で法適用は21%にとどまる。つまり，上水道事業の特別会計はすべて企業会計方式で，下水道事業の特別会計は「21%の事業体が企業会計方式，79%の事業体が官庁会計方式」で管理されている。
「官庁会計方式」は，議決された予算の執行状況の報告に重点を置き，単年度ごとに現金の出入りを厳格に管理・記録することに特化した会計方式であるため，本来，保有する資産および負債，ならびに損益を正確に把握する必要のある公営企業の経営には向いていない。しかし，下水道事業については，「地方公共団体の一般行政と密接な関係があり，経費の相当部分を一般会計で賄っているという実態から，事業の実情に応じて適用の有無は地方公共団体の判断に委ねられるようにした」という経緯があるとされる〔大阪府ホームページ「相談室　下水道事業と簡易水道事業における公営企業会計の適用について」（更新日：平成27年1月23日），http://www.pref.osaka.lg.jp/shichoson/jichi/2701sodan1.html（最終閲覧日　2016年10月1日）〕。
国は現在，下水道事業における資産管理の推進，事業の透明性の向上を図る観点から，人口3万人以上の地方公共団体に対して2019年度までに公営企業会計を導入するよう指導している。同様に，それ以外の地方公共団体についてもできる限り公営企業会計を導入するよう指導している。

20）下水道が整備されることで利便性・快適性の向上，資産価値増加などの恩恵を受ける者と，そうでない者の間で「負担の公平」が確保されるように，公共下水道が整備される区域内に土地を所有する者に土地面積に応じて事業費の一部を1回限りで負担させる「受益者負担金制度」という仕組みがある。都市計画事業認可に基づき整備した下水道事業（市街化区域及び市街化調整区域の一部）の場合は「受益者負担金」（根拠法：『都市計画法』第75条），都市計画事業認可によらず整備した下水道事業（それ以外の区域）の場合は「受益者分担金」（根拠法：『地方自治法』第224条）として徴収される。国土交通省によれば，1995年度受益者負担金制度新規採用都市における平均受益者負担金額は431円/m^2。

21）浄化槽の場合は建物の建築費に組み込まれる。

よって償還する。同時に，最終処理場での汚水処理費用やポンプの駆動，施設補修等にかかる維持管理費も，この下水道使用料で賄う。家計に例えれば，住宅ローン（下水道事業債）の返済も日常の生活費（維持管理費）も，自らの稼ぎ（使用料収入）のなかでやり繰りするという構図である[22)]。

ただし，完全に使用料のみですべてが賄われているわけではない。

下水道には，し尿や生活雑排水を浄化処理する役割のほかに，降雨で街が水浸しとならないように雨水を排除する役割もある。雨が降るのは自然現象であり，浸水被害軽減や生活環境の改善の恩恵はその区画のみならず広く市民全体に及ぶ。ならば，下水道使用者だけに費用負担させるのはおかしい――こういう理屈で，制度的に一般会計から下水道特別会計へと公費が繰り入れられているのだ。これにより，下水道の処理費用のうち雨水部分は税金で，汚水部分は使用料で賄うという仕分けとなっている（**表2-3-1**）。これを「雨水公費，汚水私費の原則」という[23)]。

以上の財源構成を図示したものが，**図2-3-1**である。

---

22) 浄化槽の場合は実際に住宅ローンの一部として支払うことになる。

23) この法的根拠は，『民法』の規定する「相隣関係」に求められる（『民法』第214～222条）。水は高いところから低いところへ流れるものであるからして，自然水流に伴う利害発生は「お互いさま」として受忍し，費用が発生する対策を講じる場合は常識の範囲内において皆で負担し合うという趣旨である。現実的には，誰がどこまでを負担するかを仕分けるのは，極めて困難である。ゆえに下水道の雨水排除という機能に関しては，河川の管理や道路と同様，税の投入が「なじむ」のである。

一方，汚水はそれを発生させる主体が明確に特定でき，かつ，未処理のまま公共用水域に垂れ流せば公衆衛生の悪化をもたらすものであるから，これを防ぐために市民は一人ひとり適正に処理する責務を負っている。したがって，処理に要する費用は“使った分だけ”負担する使用料負担とすることが妥当であることは，論をまたない。

下水道は，①都市部では浄化槽を設置するだけの面積が不足している，②一定以上の人口が集積している場合は，管路と最終処理場を整備して一括処理したほうが個別に処理するよりもコスト節減に資する――という事由があるために採用された汚水処理の一形態である。下水道が不特定多数の人の利用するインフラであるのは事実だとしても，その点をもって「道路と同じ」だからとして，個人の責務の観点を度外視して汚水処理分も税財源で賄うべきだとする理屈は無理があるというものだろう。同じ理由で，建設費への国庫補助投入にも無理があるといえる。

表 2-3-1　下水道の役割とその財源の種類

	雨水の排除	汚水の処理
下水道の役割	街に降った雨をすみやかに排除し，浸水被害から暮らしを守ります	家庭やお店，工場から出る汚れた水をきれいにして，再び川に戻します
その原因	自然現象	家庭やお店，工場などの活動
費用の負担	市町村の税金	下水道を使う人が支払う下水道使用料

〔資料：新潟市パンフレット「下水道のおカネのはなし」. https://www.city.niigata.lg.jp/shisei/seisaku/seisaku/keikaku/gesuido/bijyon-kaitei/bijyon-kaitei/kaisaijyoukyou.files/okanenoha-nashi.pdf（最終閲覧日　2016年10月1日）〕

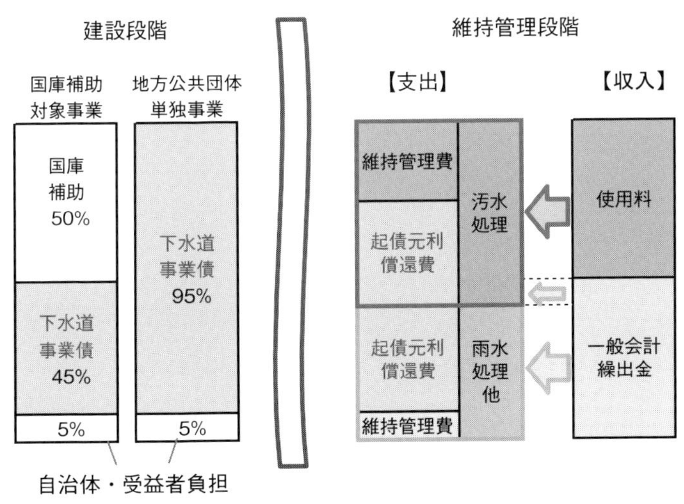

図 2-3-1　下水道事業の財源構成

〔資料：清瀬市「清瀬市下水道プラン2009［図28］公共下水道事業の一般的な財源構成」を参考に作成〕

初期段階の使用料を抑えるための公費投入

だが，実際のところ，「私費負担」であるはずの汚水部分についても，使用料収入だけで賄えているわけではない。その一つが，初期段階の使用料を抑えるための公費投入だ。

下水道は整備の完了した区画から，順次利用が始まる。つまり，整備当初は少数利用者からのスタートとなる。すなわち，1世帯当たりの使用料を高く設定しないと，「汚水処理経費」をすべて賄うことができない。そこで，使用料水準を一定以下にとどめおくために，過渡的に一般会計から公費を繰り入れて，帳尻を合わせる経理手法が広くとられてきた[24)]。

だが，これは言い換えれば，早期から下水道を利用できる少数の恵まれた区域の住民のために，市町村内の全住民の税負担をもって，下水道料金の値引きに充てるということでもある。「負担すれども恩恵なし」の住民からすれば，到底納得できるものではない。仮に，整備が進捗した後，過去に繰り入れた金額プラス利子を下水道事業特別会計から一般会計に戻すというならまだしも，繰り入れっぱなしなのだから，明らかに行政の公平性を毀損している。

しかも，公費繰入は実際のところ，「過渡的」では済まず，恒常化しているといっていい。ひとたび負担軽減のために公費繰入を始めたら，それをもとに戻すのは行政機関にとって至難だということだ（次**コラム**参照）。

—20年間使用料を据え置いた市，公費投入で不公平拡大と財政圧迫

普及が進むようにと使用料を安く抑えるべく公費繰入で対応していたら，そのまま数十年経過してしまった例もある。その一つが千葉県野田市。

同市では，1987年に設定した使用料を普及率向上のために据え置いていた

---

24) 下水道事業への公費投入に関しては，総務省の「下水道財政研究委員会」が方針を打ち出して，その内容が順次，現実の地方財政措置に反映されてきた経緯がある。1985年に答申された第5次財研報告では，次のように，初期段階で使用料が高額になる場合の対処としての公費投入を認めた。「汚水にかかる資本費については，公費で負担すべき費用を除き，使用料の対象とすることが妥当であるが，その場合においても使用料が著しく高額となる等の事情がある場合には，過渡的に，使用料の対象とする資本費の範囲を限定することが適当である。」

が，普及が進んできてからも使用料収入だけでは維持管理費を賄うのがやっとで，資本費（建設時の借金の元利償還金）も含めた汚水処理経費全体の6割強を公費繰入でしのぐありさまであったが2008年度，ついに公費繰入への依存を改めるべく，使用料の引き上げに踏み切ることに。その際に同市は，市民に対し，繰り入れに頼ったそれまでの事業運営によって市民間の負担の不公平と財政圧迫が拡大した旨を次のように説明して，料金改定への理解を求めた。

公共下水道の建設や維持管理に係る費用に関しては，自然がもたらす雨水の処理は社会全体が利益を受けるので一般財源で，また，家庭や事業所から出る汚水の処理は特定の使用者が利益を受けるので下水道使用者が下水道使用料で負担するのが原則です。

昭和62年に設定した下水道使用料を，普及率向上のため20年間変更せず，下水道使用者が負担すべき汚水の処理費用に，一般会計から多大な繰入をしてきたため，下水道が整備されていない地域の市民との不公平さを拡大するとともに，市の財政を圧迫している状況です。

◎汚水に係わる経費（平成17年度：1,770,591）　単位：千円

	維持管理費 32.5%				資本費 67.5%
歳出	管渠 45,230 2.6%	ポンプ場 42,755 2.4%	流域下水道 355,133 20.1%	その他 130,653 7.4%	公債費 1,196,820（償還元金 600,335，償還利子 596,485）

← 資本費算入率（9.3%）

歳入	下水道使用料 685,114 38.7%	一般会計繰入金 1,085,477 61.3%

（平成17年度公営企業決算状況より）

汚水処理に係る費用には，維持管理費と資本費（下水道建設のために借り入れた市債の元利償還金）があり，本来は使用料収入により負担すべきものです。しかし，20年間使用料を据え置いてきたことから，近年では，資本費算入率（使用料が維持管理費を100%賄い，更に資本費にどの程度充てられているかの割合）が，9%程度に留まっている状況です。

その結果，汚水1立方メートルを処理する費用（汚水処理原価）が，平成17年度で304.2円になっているのに対し，使用者が汚水1立方メートル当たりに支払った使用料（使用料単価）は117.7円となっており，不足分が一般会計から繰り入れられています。

〔野田市ホームページ「下水道使用料改定のお知らせ：汚水処理費用の原則と現状」，http://www.city.noda.chiba.jp/kurashi/kankyo/gesui/1000629.html（最終閲覧日　2016年10月1日）より〕

このときの料金改定[※1]によって野田市は，長い間公費の繰り入れで充当していた“ねじれ”を，若干解消し，下水道事業の資本費算入率が9.3%から30%まで改善した。時同じくして，総務省による下水道事業費の「繰出基準」見直しが2006年度から行われ，汚水処理経費のうち公費で繰り入れてよいとする

範囲が広げられて，全国市町村の下水道財政の“救済”が図られた（後述）。その恩恵を受ける形で，野田市も資本費参入比率を96%まで上昇させ，ねじれはほぼ解消するに至った。

とはいえ，これは数字のマジック。公費から繰り入れていること自体は変わらないのに，分母を小さくすることで，帳簿上は公費繰入に頼らず健全な事業運営ができているかのように取り扱われることになったのである（日本全国でそうした基準見直しが適用された）。その結果としての96%であり，その点，野田市下水道事業の公費繰入依存体質が解消されたわけではない[※2]。

だが，事実をつまびらかにして，公費繰入が「不公平拡大と財政圧迫」をもたらしたと認め，市民に使用料引き上げへの理解を求めた姿勢は誠実そのものであり，高く評価されてよい。

※1　一般家庭使用料（下水道事業の経営指標の一つで，月20立方メートル使用した場合の使用料）でみて，2007年度1942円→2010年度2205円という幅で引き上げられた。

※2　数字のうえでは2014年度の経費回収率は98.5%と，汚水処理経費をほぼ使用料収入で賄えているが，繰出基準見直し前の基準で算出すると59.4%と6割にも達していない。

「公的な便益」があれば公費負担，実態は中小自治体への配分？

「汚水私費」の原則は，もはや形骸化している。

一般会計からの繰入金は，それが総務省の「地方公営企業繰出基準」で認められた費目なら，地方交付税の交付対象になる。すなわち，国が公式に認めた例外だ。近年，「環境面・衛生面で社会全体のために役立つことなら，社会全体で費用負担して整備・維持するのが当然」という強引な理屈で，この「例外」がなし崩し的に拡大されてきた。

例えば，その一つが，湖や湾など閉鎖性水域に排水する最終処理場で水質保全のために高度の処理を施した場合の経費（1986年度～）である。『下水道法』等で要求される基準値以下の水質まで処理した場合，その処理によって増加する費用の原則2分の1を一般会計から繰り入れてよいものとされている[25]。水質が汚濁しやすい湖や湾において清浄な水質が保たれるよう高度処理を施すことは，下水道使用者のみならず社会全体の利益に資するものであり，下水道使用者のみがコスト負担するのは不公平である――という理由で公費繰入が認められるようになったのだ。

―速やかに「高度処理」を普及させるなら，方法が違うのでは？

「社会全体の利益に資する」という理屈で公費負担するのであれば，残り半分を下水道利用者が負担するというのも元来おかしな話である。「水質汚濁防止」という環境政策のために公費を投入するなら，全額を国（環境省：環境政策の所管官庁）と都道府県（条例で基準を設定する場合の設定者）でもつのがスジである。もちろん，「それが実施できれば」の話。今日の財政状況のもとでは，ほぼ不可能といえる。

そもそも，全国一律の基準のうえに上乗せの基準を設けて達成させる場合，

---

25) 平成28年4月1日付総財公第50号総務副大臣通知「平成28年度の地方公営企業繰出金について」の「第8　下水道事業―7　高度処理に要する経費」において次のように記載。「(1) 趣旨：下水の高度処理に要する経費の一部について繰り出すための経費である。(2) 繰出しの基準：下水の高度処理に要する資本費及び維持管理費（特定排水に係るものを除く。）に相当する額の一部（2分の1を基準とする。）とする。」

なお，昭和61年5月27日付自治省財政局準公営企業室長通知「公共下水道事業繰出基準の運用について」において，次のように留意点が補足されている。

①「高度処理」とは，環境基準の達成等の目的のため，活性汚泥法又は標準散水ろ床法より高度に下水を処理することができる方法により下水を処理すること。

②「高度処理に要する資本費及び維持管理費」とは，高度処理を実施することにより増加する資本費及び維持管理費をいう。

③「特定排水」とは，本来，事業活動に伴い，工場，事業所等から下水道に排除される汚水をいうが，具体的に特定排水とそれ以外の一般排水との区分を行うにあたっては，排除される汚水のうち一定量以上の部分を特定排水とすることも止むを得ない。なお，一定量の基準は，生活排水の実態，生活関連業種の実情等を勘案して定めること。

④高度処理の実施に緊急性がある等繰出しの基準となる「2分の1」の比率により難い特段の事情があるときは，地域の実情等を勘案した別の比率によることも止むを得ない。

方法は二つしかない。一つは，政策目的を達成するために費用を肩代わりして実施させること（委託のイメージ）。もう一つが，その基準が遵守されなかった場合に科すべき罰則を定めて規制すること。前者が財源的に不可能であるのだから，本来，後者しか道はない。

その場合の経費は，全額下水道利用者からの使用料で賄うことになる。理由はこうなる――生活によって生じる汚水は，環境に負荷を与えない水質に浄化処理してから川や海に放流する必要があり，それは住民一人ひとりの責務であること（下水道利用者は，使用料を払うことで責務を果たしている）。湾や湖などを処理水排出先の流域にもつ地域では，環境に負荷を与えないために特別な設備投資や維持管理が必要となるが，それも含めてそこに暮らす住民の責務であること――。

今の仕組みは，高度処理を導入する・しないの裁量は実質的に事業主体（市町村）に委ねつつ，設置・改築費用の２分の１に国庫補助，資本費（設置・改築にあたっての借金返済）および維持管理費の２分の１を一般会計から繰り入れすることで経済誘導する構図だ。これでは政策目的がなかなか達せられないうえ，財政規律を損ない，事業がべったり公費に依存するようになってしまう。中途半端な経費負担があることで，住民の受け止め方も「国が出すべき費用の半分を下水道料金で肩代わりさせられている」となりかねない[※1]。

国土交通省によれば，高度処理を要すると計画上に位置づけられている区域での高度処理実施率が，2013年度末現在で41％にとどまっているという。その主たる理由は「耐用年数や費用等の問題から全面的な増改築が当面見込めない処理場が多数あることが挙げられる」とのことだ〔国土交通省（2015）「既存施設を活用した段階的高度処理の普及ガイドライン」〕[※2]。

湾や湖沼や水源地域で下水道の高度処理が必要であって，それを速やかに実施するなら，方法が違うと言わざるを得ない。

※1　国土交通省および日本下水道協会の下水道政策研究委員会は「下水道財政・経営論小委員会中間報告書」（平成16年8月）において，高度処理に公費投入が適当である理由として，次のように指摘している。
「高度処理による受益者の特定は困難であることや，事業効果は特定の下水道使用者の便益を増進するものでもないため，高度処理分の維持管理費と資本費を可能な限り公費負担として整理することが適切である」。
しかし，その論法でいくと，高度処理に限らずあらゆる最終処理場でも同様に，「受益者の特定が困難」「事業効果が特定の下水道使用者の便益を増進するものではない」との理由で，「可能な限り公費負担とするのが適切である」ことになってしまう。
　汚水はそれを発生させる主体が明確に特定でき，かつ，未処理のまま公共用水域に垂れ流せば公衆衛生の悪化をもたらすものであるから，これを防ぐために適正に処理する責務を，市民一人ひとりが負っている。だから，処理に要する費用は“使った分だけ”負担する使用料負担とすることが妥当なのである。それは高度処理であっても同じことだ。

※2　国土交通省は，施設の改築更新時まで待つのではなく，既存施設を活用した部分的な施設・設備の改造や運転管理の工夫によって処理水質の向上を図る方針に転じている。そのノウハウの普及にあたっての手引書が「既存施設を活用した段階的高度処理の普及ガイドライン」だ。今ある設備で知恵を使って「高度処理」を行えるならば，それを優先すべきであることはいうまでもない。

また，地理的条件等の影響で建設コストがかさみ，資本費（下水道建設のために借り入れた事業債の元利償還金）が跳ね上がってしまった市町村への“救済策”としても，公費が使われている。すなわち，高資本費がそのまま下水道使用者の使用料負担に反映して，使用料が高くなり過ぎることのないように，公費繰入が認められているのだ（1986年度～）。さすがに，これを社会全体に役立つ云々の“建前論”で正当化するのは無理があると諦めたのか，総務省通知には，目的について「資本費負担の軽減を図ることにより経営の健全性を確保」とだけ記してある[26]。

さらに2006年度には「雨水公費，汚水私費」の原則に反する基準見直しがあった。雨水と汚水で別々に管路を設ける近年主流の「分流式下水道」について，汚水処理部分の資本費を最大6割，公費の繰り入れで充当してよいものとしたのだ（次**コラム**参照）。繰り入れできる公費の割合は人口密度に応じて2割，3割，4割，5割，6割と5段階に分け，人口密度の低い地域ほど手厚く設定された。いずれも，繰り入れした公費のうち7割が地方交付税の交付対象となる。

結果，経済的にペイしない地域に下水道を整備した市町村ほど，財源を公費に求め，国から交付税を受けられる構図となっている。ボタンの掛け

26）平成28年4月1日付総財公第50号総務副大臣通知「平成28年度の地方公営企業繰出金について」の「第8　下水道事業―8　高資本費対策に要する経費」において次のように記載。「（1）趣旨：自然条件等により建設改良費が割高のため資本費が著しく高額となっている下水道事業について，資本費負担の軽減を図ることにより経営の健全性を確保することを目的として，資本費の一部について繰り出すための経費である。」

違えが見事に正当化された典型例だ。南（2006）[27] は，分流式の汚水処理経費への公費投入の真の目的を「汚水処理人口普及率の進捗であり，格差是正としての中小自治体への公費の配分である」と喝破しているが，誠に正鵠を射た指摘である。

―分流式の汚水処理に公費財源投入，「汚水私費」の原則は有名無実化

下水を下水道管で流す方法には，「合流式」と「分流式」の２種類がある（**図2-3-2**）。

合流式は，道路脇の雨水溝や建物の雨どいから雨水ますに流れ込む「雨水」と，家屋や店舗や事業所から流れる「汚水」（し尿および生活雑排水）を，一緒に１本の管路で最終処理場へ流す方式のこと。わが国では，東京 23 区をはじめ，早くから下水道を整備した地域でこの方法が用いられている。

分流式は，雨水は「雨水管」で集めて河川に放流し，汚水は「汚水管」で集めて最終処理場へと運ぶ方式のこと。1970 年以降に整備された下水道は，こちらの方式が多く採用されている。

両者を比べると，合流式は管路が１本で済むので，建設費を抑えられ，管理もしやすい。しかし，大雨が降ったときなど最終処理場の処理が追いつかなくなるおそれがあるときは汚水の混ざった水を未処理のまま川や海に放流せざるを得ず，水質汚濁の原因ともなる。

27）南慎二郎（2006）「下水道財政における公費負担問題：「今後の下水道財政の在り方に関する研究会」報告の検討を中心として」『政策科学』14（1），79-88.
南は同論文で，繰出基準見直しを方向づけた「今後の下水道財政の在り方に関する研究会」における議論を批判的に考察し，以下のように整理している。「『下水道研究会』報告の目標は『下水道処理人口普及率』ではなく『汚水処理人口普及率』としているのだが，議論の対象は下水道事業における公費負担であり，その公費負担を資本費単価が高くなる中小都市，農村自治体を中心に配分するということであるので，公共下水道の一律整備のための『公費負担必要論』となっている。これはむしろ下水道財政の不効率・肥大化を引き起こす要因になると考えられる。現状で公共下水道の普及が行われていない地域は人口密度や地理的要因から公共下水道の整備に適さない場合がほとんどであり，建設した場合の資本費単価・維持管理費用と使用料収入の採算が全く合わず，公費に依存するしかない。長期的に見た場合にその事業主体の自治体の財政を圧迫することになり，格差是正のはずが逆に不利益をもたらす結果になる。」

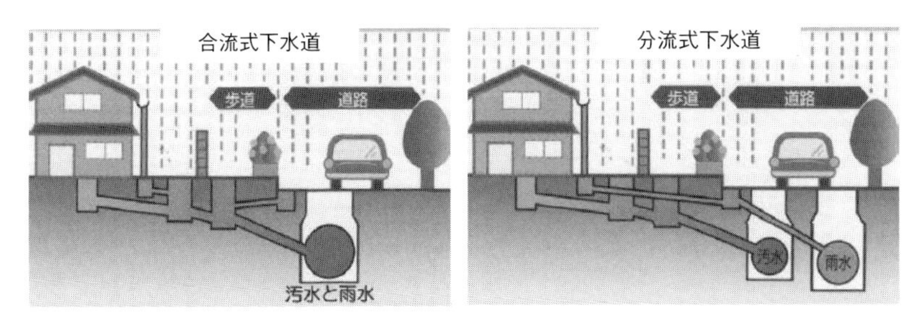

図 2-3-2　合流式下水道と分流式下水道
〔資料：国土交通省〕

一方，分流式は，大雨の際に最終処理場に大量の雨水が流れ込む心配がなく，汚水を川や海に放流するような事態にはならないが，管路を2本敷設しなければならないため，合流式と比べて3倍以上のコストがかかるとされる。

過大に見積もられていた雨水処理経費，乖離縮小の一方で……

下水道施設の建設費は，主として市町村が下水道事業債を発行して調達する。その後，長期にわたって元利を償還することになるが，「雨水公費，汚水私費」の原則にしたがって，一定割合を公費繰入で充ててよいことになっている。2005年度までは建設コストを「雨水分7割，汚水分3割」と見なして，資本費（元利償還金）の7割は雨水処理経費＝公費取り扱い分とし，各市町村とも一般会計から繰り入れて賄うこととなっていた[※1]。その繰入額の7割は地方交付税の交付対象とされる。

ところが，建設コストを精査してみると，実態は「雨水3割，汚水7割」という内訳であることが判明。財務当局がその“乖離”を突き付け，小泉改革真っただ中の2005年度予算で7%の減額査定を行った。これを受けて減額の憂き目を見た総務省は，財政措置のあり方を合流式と分流式で切り分けて2本立てとする策で切り返した。すなわち，前者の合流式については乖離縮小に向けて“見なし”の比率を「雨水分6割，汚水分4割」に引き下げつつ，返す刀で，後者の分流式についても実態に合わせる必要があるとして[※2]，新たに汚水処理経費の一部を公費対象とする枠組みを創設したのである。

これは「汚水私費」の原則を突き崩す方針転換であったが，その理屈は，「分流式下水道については，雨水と汚水の処理を完全に分けて行うことから公共用水域の水質保全への効果が高く，改善前の合流式下水道に比べて公的な便益がより大きく認められることから，汚水資本費の増嵩分に対しては公費負担とすべき」[※3]というものだった。

こうして2006年度以降は，

①合流式について，建設コストの雨水・汚水配分を「6：4」に改め，一般会計からの繰入で賄える範囲は資本費の6割へと縮小

②分流式について，雨水分・汚水分の実際のコストを反映させて，新たな財政措置の体系を創設

・「雨水1割，汚水9割」という比率に改め，雨水分として資本費の1割を一般会計からの繰り入れで賄うものとする。

・汚水分について公費投入する枠組みを新設し，資本費のうち2割〜6割を一般会計からの繰り入れで賄うものとする（繰り入れできる範囲は処理区域内の人口密度に応じて，25未満であれば6割，25〜50未満であれば5割，50〜75未満であれば4割，75〜100未満であれば3割，100以上であれば2割，というように5段階区分）。

・農業集落排水施設や特定環境保全公共下水道における分流式については公共下水道での処理区域内人口密度25未満の区域と同様，雨水分・汚水分あわせて資本比の7割が繰り入れられる。

ということになった（いずれも従前通り，繰入額の7割が地方交付税の交付対象）（図2-3-3）。

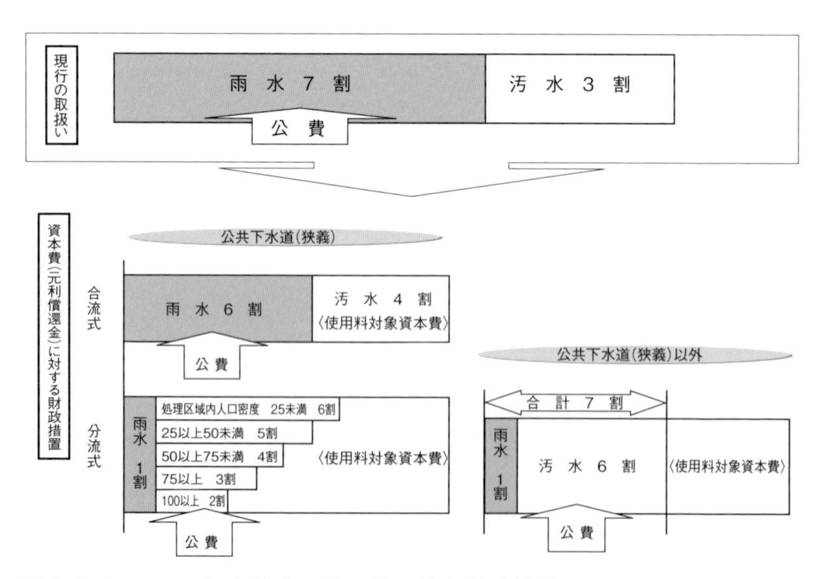

図2-3-3　2006年度見直し前・後の地方財政措置

〔資料：総務省〕

「汚水私費」は有名無実化，過疎地自治体は“公費漬け”状態

この見直しによって起きたことは，人口密度が低く，汚水処理単価が高額になる市町村ほど，より多く公費繰入できるようになったということである。繰り入れた公費も，その７割は地方交付税の交付対象となる。つまり，汚水資本費の６割を公費の繰り入れで調達し，そのうち７割が国から補填されるということだ。「汚水私費」の原則はもはや有名無実化したといっても過言ではない。

このうえさらに，人口密度が特に低い地域の下水道財政を救う「高資本費対策」も講じられている。つまり，生活排水処理インフラの選択を誤り，無理矢理下水道を整備した市町村は，二重三重の“公費漬け”状態にあるのだ。

※1　雨水と汚水の負担区分は「雨水公費・汚水私費」の原則により形成された枠組みであり，この原則が実際と乖離すれば雨水と汚水の負担区分はあいまいなものとなる。この原則では雨水処理の公共性を理由に公費負担を行うことを理由としているのだが，その割合自体は「見なし」であるので明確な根拠はない。むしろこの公費負担は，下水道整備のための政策手段であったといえる。この原則が設定された当時は上述したように合流式下水道が主流であり，合流式下水道では汚水と雨水を物理的に区別することが困難であったので，公共性という名目で公費負担のコンセンサスが得られやすい雨水処理経費を理論的根拠として公的資金投入を行った。それが分流式下水道への転換によってこの公的資金投入の割合と実際との間にひずみが生じることになるのは当然であり，分流式の場合は実態に即する形で公費負担が行われるはずであった。それにもかかわらず，長きにわたって原則における「見なし」の割合が適用されていたのは，公的資金投入による下水道整備普及の推進の目的があったためである。

※2　「合流式下水道では埋設管が雨水・汚水をあわせて１本，分流式下水道では雨水管と汚水管の２本が必要となるが，現状では分流式により下水道整備を行う中小市町村では汚水管の整備を先行させているところが多い。こうしたことから資本費の雨水・汚水比率を比較すると合流式と分流式で明らかな違いが認められる。よって雨水に要する経費に対する財政措置についても，合流式下水道と分流式下水道を区分し，より合理的なものとすべきである。」〔総務省自治財政局地域企業経営企画室（2006）「今後の下水道財政の在り方に関する研究会　報告書」平成18年３月〕

※3　総務省自治財政局地域企業経営企画室（2006）「今後の下水道財政の在り方に関する研究会　報告書」平成18年３月.

経費回収率の“改善”，実は計算方法変更と金利負担圧縮特例措置の結果

下水道事業の経営状況を押さえるうえで必須の指標が，「経費回収率」[28]だ。

経費回収率とは，汚水処理に要した費用を使用料収入によってどれだけ回収できているかを示す指標である（**図 2-3-4** の点線部分）。使用料収入だけで足りない分は，一般会計からの補填（基準外繰入）で穴埋めする。

ただし，汚水処理費のなかでも，高度処理にかかる経費や分流式下水道の資本費などで，総務省の繰出基準に該当する経費（**図 2-3-4** の支出「その他」）については，分母から除外される。これらの経費は，使用料収入ではなく公費で賄うべきと整理されているからである。**図 2-3-5** にイメージを記す。

総務省の調べによれば，下水道事業全体の経費回収率は全国平均で92.1％とのことである。事業別にみると，公共下水道が 96.6％，特定環境保全公共下水道が 63.5％，農業集落排水施設が 51.5％という内訳となっ

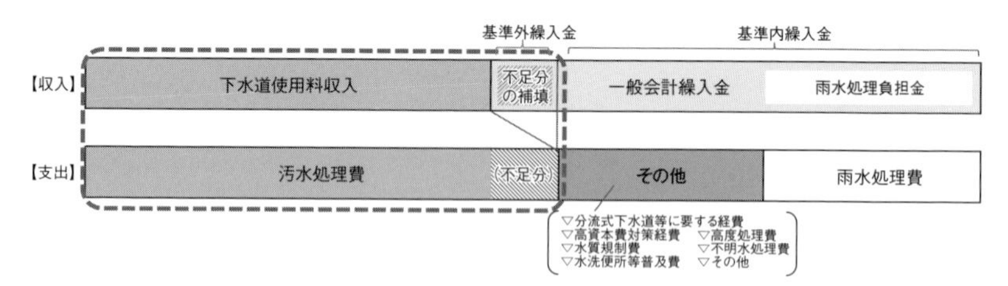

図 2-3-4　下水道管理運営費の構成

〔資料：国土交通省資料および総務省「地方公営企業年鑑」をもとに作成〕

28）経費回収率の算出方法は「使用料収入（千円）/ 汚水処理費（千円）× 100」。総務省の「下水道事業経営指標・下水道使用料の概要」には，次のような用語説明がある。「経費回収率：汚水処理に要した費用に対する，使用料による回収程度を示す指標である。下水道の経営は，経費の負担区分を踏まえて汚水処理費全てを使用料によって賄うことが原則である。したがって，経費回収率は，下水道事業の経営を最も端的に表している指標といえよう。」

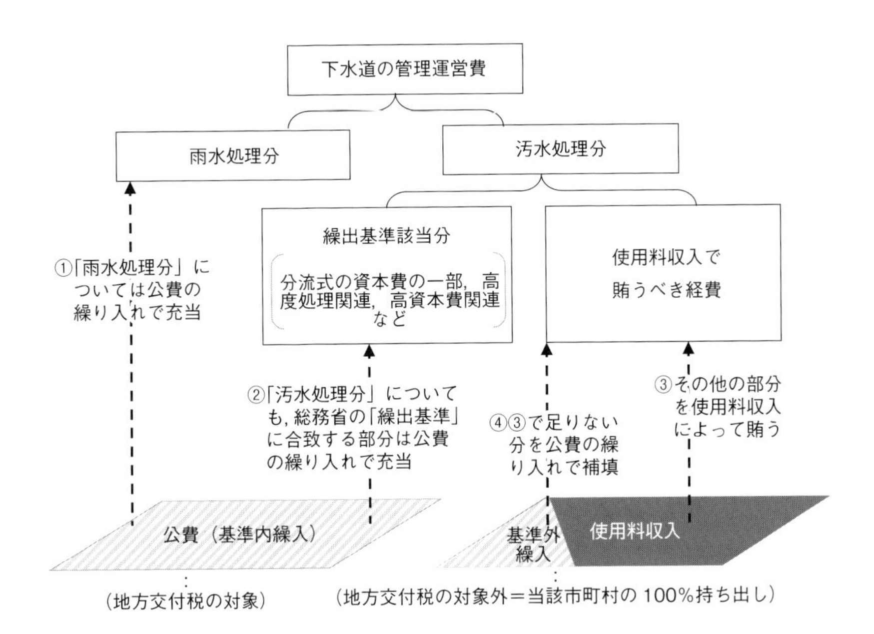

図 2-3-5　下水道管理運営費の財源区分のイメージ
〔筆者作成〕

ている。推移をみると，ここ 10 年間で 30 ポイント近く改善がみられている（**図 2-3-6**）。

ただ，この数値は額面通りに受け取ってはいけない。これまでみてきたように，本来なら使用料収入で賄うべき汚水処理経費であるにもかかわらず，かなりの部分が一般会計からの繰り入れで充当できるようになっているからである（**図 2-3-4** でいうところの支出の内訳「その他」，**図 2-3-5** でいうところの②がそれにあたる）。数字のうえでは，公共下水道は 100％近い水準で独立採算が達成できているようにみえるが，それは実態を表したものではないのだ。

図 2-3-6 のグラフで，2005 年度から 2006 年度にかけて大きく改善がみられるが，これは 2006 年度に地方公営企業繰出基準の見直しがあったからである（59〜63 頁参照）。要は，分母（使用料収入で賄うべき汚水処理経費）が小さくなった分，計算結果（経費回収率）は大きくなった，と

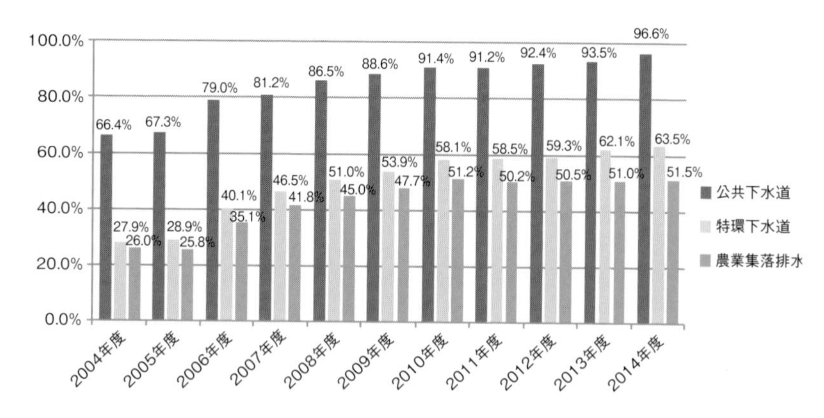

図 2-3-6　下水道事業の経費回収率の推移

〔資料：総務省「下水道事業経営指標・下水道使用料の概要」平成 16～26 年度〕

いうだけのことだ。

これでは実態が捕捉できず，見直し前後の比較もできないということで，行政でも業界でも，2006 年度改正前の基準で算出した数値（「控除前の値」と称される）を添えて資料をつくるのが通例となっている。それにならって，ここでも 2014 年度の控除前経費回収率を紹介しておこう。公共下水道は 80.1%（控除後は 96.6%），特環下水道は 36.7%（控除後は 63.5%），農業集落排水施設は 28.7%（控除後は 51.5%）ということである。実に 16～27 ポイントも“上げ底”になっていることがわかる。

また，2007 年度に地方財政救済を目的とした期限限定の特例措置（公的資金補償金免除繰上償還，～2012 年度）が実施され，多くの自治体がこれを使って低金利の資金に借り換えて金利負担を圧縮した。その効果が 2007 年度以降の経費回収率に表れていることが，**図 2-3-6** で確認できる。

要するに，計算方法が変わり，国の特例措置で金利負担を減額できたからこそ，数値が“改善”したのであって，これを下水道事業の経営状況改善と捉えるとミスリードになる。

必要経費を賄えている事業体は1割未満，積み立てはほぼ行われず

「汚水私費」の原則に照らせば，経費回収率は100％以上をキープできていなければ失格である。さらに，公正・公平な事業継続のためには，整備当初に繰り入れた公費も返納し，老朽化に備えた積み立てまで行われてこそ，初めて「必要十分」といえる。

では，必要経費を使用料収入で賄えている「経費回収率100％」以上の事業体がどの程度あるかというと，控除後でも1～2割，控除前では1割にも満たない状況だ（**表2-3-2**）。

総務省は，必要経費をすべて使用料収入で賄えなくても，最低限，日常かかる経費である「維持管理費」（人件費，動力費，薬品費，施設補修費，清掃費，その他）くらいは，使用料収入で賄うよう市町村を指導している[29)]。たしかに，日常経費すら使用料収入で賄えないということは，事業として成り立っていないことの裏返しか，使用料が安過ぎるかのどちらかである。この最低ラインを下回っている事業体は，実に1613もあり，全事業体の過半を超えている（**表2-3-3**）。

一方，将来の老朽化に備えての積み立てはほとんど行われていない。総務省の「下水道財政のあり方に関する研究会」報告書（2015年9月）によれば，積立金を計上している事業体はわずか81事業体で，集合処理全事業体の3％にも満たず，金額にして約300億円（2013年度決算）とのこと（**表2-3-4**）。報告書は「将来の老朽化対策に対応するために積立金を計上している例は極めて少ない」と評したうえで，その背景として，水道事業のように老朽化対策用に積み立てる費用を現在の使用料に転嫁する

29) 総務省「下水道事業の経営指標一覧」において，留意事項として，次のような記述がある。「経費回収率（維持管理費）が100％を下回っている団体は，早急に組織の簡素合理化，定員管の適正化，業務の民間委託等を推進することにより，経費の徹底的な抑制を図る一方，使用料の適正化を図ることにより，回収率の向上に取り組む必要がある。」

表 2-3-2　使用料収入で必要経費（維持管理費＋資本費）を賄えている事業体数

事業（全事業体数）	控除前（割合）	控除後（割合）
公共下水道 （全 1169 事業体）	92 事業体（7.9%）	260 事業体（22.2%）
特定環境保全公共下水道 （全 722 事業体）	12 事業体（1.7%）	85 事業体（11.8%）
農業集落排水施設等 （全 1195 事業体）	8 事業体（0.7%）	56 事業体（4.7%）
合計 （全 3086 事業体）	112 事業体（3.6%）	401 事業体（13.0%）

※より実態を表しているのは「控除前」の数値であるが，各種統計では「控除後」の数値が使われる。
〔資料：総務省「平成 26 年度下水道事業経営指標・下水道使用料の概要」をもとに作成〕

表 2-3-3　使用料収入だけでは維持管理費を賄えない事業体数

事業（全事業体数）	維持管理費を賄えない事業体（割合）
公共下水道（全 1169 事業体）	227 事業体（19.4%）
特定環境保全公共下水道（全 722 事業体）	368 事業体（51.0%）
農業集落排水施設等（全 1195 事業体）	1018 事業体（85.2%）
合計（全 3086 事業体）	1613 事業体（52.3%）

〔資料：総務省「平成 26 年度下水道事業経営指標・下水道使用料の概要」をもとに作成〕

表 2-3-4　下水道事業の積立金※1 決算額（法適用事業）

	事業数	決算額（百万円）
公共下水道	62	29,588
特環下水道・集落排水※2	19	466
集合処理計	81	30,056

※1　『地方公営企業法施行規則』の勘定科目区分において示されている積立金には，減債積立金，利益積立金，その他積立金がある。また，決算統計の項目としては，減債積立金，利益積立金のほかに建設改良積立金がある。
※2　集落排水の内訳は，農業集落排水施設，漁業集落排水施設，林業集落排水施設，簡易排水施設，および小規模集合排水処理施設。
〔資料：総務省自治財政局準公営企業室（2015）「下水道財政のあり方に関する研究会　報告書」平成 27 年 9 月〕

考え方がとられていないことを指摘している[30)]。

現状のまま積み立てが行われない場合，管路や処理場の更新時期が到来した際に，再びまとまった投資（起債）が必要となる。今後の人口減少を勘定に入れれば，それは「返せない借金」になる可能性が大だ。下水道事業でも水道事業同様，適切に積み立てが行われるように早急に中長期の収支計画を立て，使用料のあり方を見直す必要がある。

下水道につぎこむ繰入額，最高で住民1人当たり「年27万円」という例も

下水道の管理運営にかかる一般会計からの繰入金は，平成26年度現在，全国総額で1兆7883億円にのぼる（公費で負担すべき雨水処理分5753億円を含む）[31)]。住民1人当たりで割り返してみると，平均1.3万円（/年），中央値は1.39万円（/年）という水準だ[32)]。

ちなみに，繰入額が最も大きかったのは山梨県丹波山村で，年27.5万円にのぼっていた。次いで山梨県小菅村23.9万円，宮城県岩沼市14.8万円，東京都利島村14.7万円，北海道泊村14.2万円，福島県相馬市11.8万円，東京都檜原村10.8万円などと続く。

トップの丹波山村の繰入額は，世帯当たりに換算すれば53万円（同村の世帯人員数は1.93人）である。月換算で1世帯4.4万円という計算だが，ちなみに同村の下水道使用料は1200円（20立方メートル/月）で，

---

30)「下水道事業における使用料対象原価については，総括原価主義の考え方が採用されているが，その対象には水道事業で採用されている『資産維持費』といった事業の施設の再構築等のための費用が含められておらず，その費用の一部を現役世代から徴収するという水道料金と同様の考え方が必ずしもとられていない。」〔総務省自治財政局準公営企業室（2015）「下水道財政のあり方に関する研究会　報告書」平成27年9月〕

なお，水道事業の「資産維持費」とは，事業の施設実体の維持等のために，施設の建設，改良，再構築および企業債の償還等に充当されるもので，金額は「対象資産×資産維持率（3%）」によって算定される。

31) 総務省自治財政局（2016）「平成26年度地方公営企業年鑑」.

32) 総務省「平成26年度市町村別決算状況調」.

全国平均2730円の半分以下である。経費回収率はわずか4.3%だった（全国平均92.1%）。多摩川の上流に位置する同村は，隣接する下流側の東京都から下水道管理に関して交付金を毎年度得ており，それゆえに異例の「低料金・高公費」が実現できているということだろう。

日本環境整備教育センターでは，地方税収で繰入額を割り返して，全国の各自治体が住民の担税力に比してどれだけ下水道にお金をつぎこんでいるかの分析を行っている。誌面の都合で，市・町村別に「上位30」のランキングとして掲示する（**表2-3-5**，**表2-3-6**）。太字と下線で示しているのは「下水道会計繰出額÷地方税収」が100を超えている市町村である。言い換えれば，住民からの住民税等を全額つぎこんでも賄いきれない収支構造で下水道を運営している市町村ということだ。北海道に1市1町，東京都に2村，山梨県に2村，福島県に1村，島根県に1村，長崎県に1町ある。いずれも，日本創成会議が「このままでは消滅可能性が高い」[33]と名指ししている市町村だ。

ちなみに，市区分で最も税収に比して下水道に“つぎこんでいる”北海道歌志内市では，下水道のサービス開始からすでに23年がたち，当初の計画はおおむね達成して，市内のほぼ全住民が下水道に接続して利用している。計画が達成すれば全区画の住民から使用料を徴収できるようになるため，通常なら収支が黒字となり老朽化対策の積み立てに入っていてもよい段階とみられるが，同市では使用料収入で支出の4分の1しか賄えていない。以上は総務省の「平成26年度下水道事業経営指標・下水道使用料の概要」に記載されているデータから読み取れる内容である。ちなみに，同市の諸率は以下の通りとなっている。

▽事業種別：公共下水道

33）人口移動が現状並みで推移した場合に，2040年までに「20～39歳の女性人口が5割以下に減少」し，かつ人口が1万人未満となる見込みの523市町村〔日本創成会議・人口減少問題検討分科会（2014）「人口再生産力に着目した市区町村別将来推計人口」平成26年5月〕。

表2-3-5　地方税収入に対する下水道会計への繰出額の割合—上位30市町村ランキング（市区分）

順位	市名	下水道会計繰出額（A）：百万円	地方税収入（B）：百万円	A/B：%	参考値：A/B	
					平成25年度	平成22年度
1	**北海道歌志内市**	237	232	102.0	111.8（2）	77.4（1）
2	宮城県岩沼市	6,510	6,714	97.0	134.0（1）	10.8（320）
3	福島県相馬市	4,220	5,185	81.4	31.7（31）	14.7（185）
4	岡山県美作市	2,387	3,079	77.5	75.3（5）	72.9（2）
5	宮城県石巻市	12,410	16,274	76.3	35.4（17）	15.3（168）
6	宮城県東松島市	2,069	3,466	59.7	81.1（4）	18.4（106）
7	北海道三笠市	470	925	50.9	55.1（6）	38.6（7）
8	宮城県塩竈市	2,658	5,239	50.7	49.4（7）	21.1（77）
9	島根県雲南市	1,810	4,148	43.7	44.2（9）	33.1（14）
10	新潟県魚沼市	1,730	4,028	42.9	41.0（10）	45.8（3）
11	青森県平川市	938	2,348	39.9	34.9（19）	38.4（8）
12	兵庫県たつの市	4,184	10,718	39.0	37.6（13）	31.6（20）
13	岡山県備前市	1,957	5,029	38.9	39.1（11）	32.2（17）
14	兵庫県淡路市	1,809	4,778	37.9	34.6（20）	33.9（13）
15	長野県飯山市	918	2,430	37.8	38.9（12）	41.9（4）
16	新潟県佐渡市	2,036	5,411	37.6	35.6（16）	31.3（22）
17	兵庫県篠山市	1,875	5,107	36.7	32.4（24）	29.9（26）
18	兵庫県西脇市	1,776	4,984	35.6	31.8（30）	29.4（29）
19	広島県江田島市	909	2,599	35.0	35.1（18）	35.1（11）
20	新潟県村上市	2,388	6,833	34.9	35.7（15）	31.7（19）
21	岩手県陸前高田市	539	1,567	34.4	84.4（3）	30.0（25）
22	岡山県新見市	1,172	3,491	33.6	34.4（21）	39.9（6）
23	兵庫県養父市	872	2,606	33.5	36.6（14）	35.4（10）
24	富山県南砺市	2,324	6,997	33.2	32.9（23）	31.8（18）
25	兵庫県相生市	1,446	4,426	32.7	32.1（28）	28.9（31）
26	兵庫県南あわじ市	1,867	5,740	32.5	32.1（28）	27.9（36）
27	兵庫県丹波市	2,488	7,755	32.1	30.2（34）	30.9（23）
28	岐阜県下呂市	1,525	4,769	32.0	32.4（24）	34.6（12）
28	北海道美唄市	677	2,145	31.6	33.1（22）	35.7（9）
30	岐阜県海津市	1,351	4,298	31.4	30.1（35）	29.7（27）

※数値は，総務省「平成26年度市町村別決算状況調」より。（　）内の数値は順位。
〔資料：国安克彦・日本環境整備教育センター理事「汚水処理施設の現状と今後の留意点」〕

表 2-3-6　地方税収入に対する下水道会計への繰出額の割合―上位 30 市町村ランキング（町村分）

順位	町村名	下水道会計繰出額（A）：百万円	地方税収入（B）：百万円	A/B：%	参考値：A/B	
					平成 25 年度	平成 22 年度
1	**山梨県丹波山村**	165	53	311.7	319.8（1）	280（1）
2	**山梨県小菅村**	173	77	225.6	250.4（2）	220（2）
3	**北海道中頓別町**	197	155	127.1	47.0（61）	67.8（23）
4	**島根県知夫村**	58	46	125.9	139.6（4）	133（4）
5	**東京都檜原村**	257	209	122.8	136.2（5）	90.3（9）
6	**福島県昭和村**	103	94	109.5	142.9（3）	166（3）
7	**長崎県小値賀町**	165	152	108.8	95.4（8）	45.8（66）
8	**東京都利島村**	45	44	102.9	41.9（90）	49.6（58）
9	福島県浪江町	452	520	87.0	117.1（6）	20.9（322）
10	鳥取県若桜町	209	240	86.7	82.3（10）	88.9（10）
11	長野県小川村	160	187	85.4	67.3（17）	88.4（11）
12	北海道初山別村	99	116	85.1	87.1（9）	69.5（19）
13	鹿児島県三島村	27	35	76.0	67.4（16）	62.9（29）
14	長野県木島平村	306	406	75.4	66.5（20）	67.0（26）
15	北海道寿都町	173	236	73.2	70.8（12）	32.3（162）
16	沖縄県座間味村	53	73	72.6	97.5（7）	94.9（7）
17	岩手県山田町	754	1,069	70.5	28.3（208）	20.1（329）
18	宮城県山元町	744	1,057	70.4	60.6（29）	26.1（348）
19	青森県佐井村	115	165	69.8	61.7（28）	54.4（44）
20	青森県新郷村	132	193	68.3	69.7（13）	57.8（35）
21	秋田県八峰町	393	583	67.4	66.2（21）	70.7（18）
22	奈良県黒滝村	45	68	66.4	55.8（38）	50.2（54）
23	岩手県田野畑村	162	245	66.1	51.4（46）	32.3（163）
24	岡山県和気町	977	1,500	65.1	66.8（19）	67.9（22）
25	徳島県佐那河内村	129	199	64.9	62.4（27）	76.5（13）
26	熊本県相良村	205	323	63.4	67.5（15）	61.8（31）
27	島根県海士町	125	198	63.1	59.1（30）	120（5）
28	宮城県松島町	1,063	1,685	63.1	30.6（184）	23.4（281）
28	長野県佐久穂町	662	1,068	62.0	64.4（22）	67.3（25）
30	北海道古平町	133	218	61.0	53.8（41）	39.8（94）

※数値は，総務省「平成 26 年度市町村別決算状況調」より。（　）内の数値は順位。
〔資料：国安克彦・日本環境整備教育センター理事「汚水処理施設の現状と今後の留意点」〕

▽一般家庭使用料金（20立方メートル／月）：4709円（全国平均は2730円）
▽経費回収率：27.4%（公共下水道の全国平均は96.6%）
▽供用開始後年数：23年（下水道サービスを開始してからの経過年数で，一般にこの年数が短いほど，経費回収率は小さくなる傾向にある。年数が短いということは，一部の区画しか開通していないということであり，その分使用料を徴収できる利用者数が少ない）
▽事業別普及率：99.0%（市内の人口に占める下水道人口の割合。事業整備状況を表す指標）

同市のホームページには，「日本一人口が少ない市[34] です」とうたわれている。かつては「空知管内でも有数の一大炭鉱都市」を形成し，昭和23年には人口が4万6千人を突破したものだったが，閉山が相次いで過疎化の一途をたどり，現在も人口減少が続いているとのことだ。同市の直近（2016年8月31日）の人口は3571人。高齢化率は47.47%。今後，人口が反転するというような想定は非現実的だ。今後も続く人口減少で，1人当たりの負担（使用料および税）はさらに跳ね上がっていくことが予想される。柔軟に対応できる個別処理インフラへの乗り換えを速やかに進める必要があろう。

日本環境整備教育センターは「人口減少が著しい地方自治体ほど，地方税収に比して多くを繰り出す傾向となっている。今後，下水道や農業集落排水施設等の集合処理施設を高い普及率で整備した市町村で企業の撤退や人口減少が進展すると，このような事象が起きると考えられる」と分析し

34)『地方自治法』は第8条で，「市となるべき地方公共団体の要件」として，次のように列挙している。①人口5万人以上，②中心市街地の戸数が全戸数の6割以上，③商工業等の都市的業態に従事する世帯人口が全人口の6割以上，④他に当該都道府県の条例で定める要件を満たしていること——ただし，ひとたび市になると，人口減少などにより市の条件を満たせないようになっても，市のままでいることができる。

ている[35]。

該当する市町村においては，住民の後代負担の急増を防ぐためにも，ただちに対応策を講じなければならない。

借金残高は 27.3 兆円

最後に，下水道の整備にあたって全国の自治体が現在負っている借金残高（下水道債現在高）をみてみたい。

上水道や下水道，公立病院，公営交通などの事業を担う地方公営企業は，一定の資本を投じて設備を設け，住民向けにサービスを提供し，その対価として受け取る利用料によって，維持管理と投下資本の回収に充てている。初期投資の財源調達手段は，原則事業債（借金）で賄われる。

現在，公営企業全体の債務残高は 46 兆 8296 億円。そのうちの 6 割にあたる 27 兆 2574 億円を下水道事業が占めている（**図 2-3-7**）。下水道債現在高は，2001 年度（33.4 兆円）までは年々増加していたが，建設投資額そのものが減少してきたことや，地方財政救済のために国が設けた期限限定の特例制度[36]を使って多くの自治体で低金利の資金に借り換えが進められてきたことで，減少傾向に転じて今日に至っている。

下水道使用者 1 人当たりの借金残高として換算すると，公共下水道で

---

35) 国安克彦・日本環境整備教育センター理事（2016）「汚水処理施設の現状と今後の留意点」平成 28 年 3 月.

36) 国が地方公共団体の公債費負担の軽減対策として，2007〜2009 年度までの臨時特例措置として実施した「公的資金補償金免除繰上償還」。通常，公的資金（旧資金運用部資金，旧簡易生命保険資金および公営企業金融公庫資金）について繰上償還を実施する場合は，それぞれの借入先の規定に基づく補償金を支払う必要があるが，特例的に一定の条件（実質公債費比率，経常収支比率，合併の有無等）を満たした地方公共団体について，徹底した行政改革・経営改革を実施すること等を条件に，補償金を全額免除することとしたもの。同措置は，リーマンショックに伴う深刻な地域経済低迷と税収減という事態を受けて，2012 年度まで延長された。繰上償還にあたっては，より低利率の資金への借り換えを通じて，利子支払額を軽減することができた。

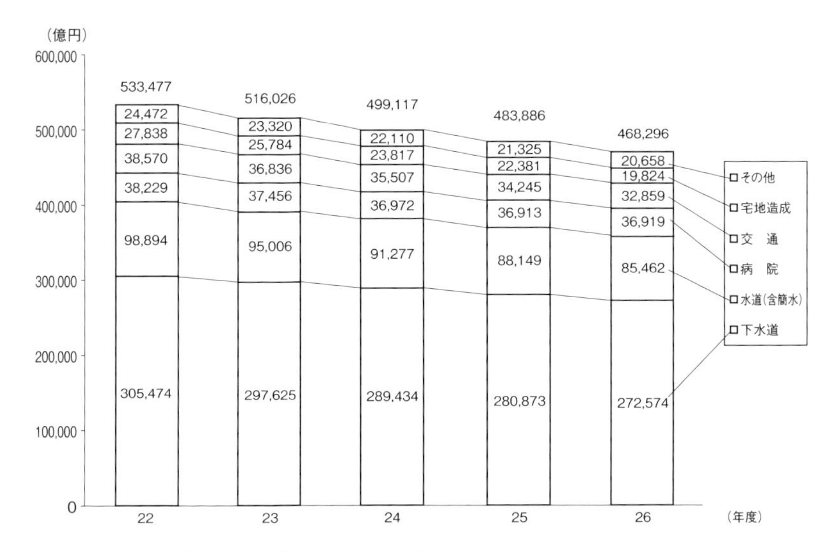

図 2-3-7　企業債事業別現在高の推移

〔資料：総務省自治財政局（2016）「平成 26 年度地方公営企業年鑑」〕

は 24 万 3 千円，特環下水道では 52 万 8 千円，農業集落排水施設等では 45 万 6 千円となっている[37]。

注意すべきは，1 人当たりの借金残高は人口と反比例の関係にあるということだ。人口増加の局面であれば，年を追うごとに 1 人当たりの借金残高は減っていくが，人口減少の局面ではその真逆。計画通りに返済が進んでいても 1 人当たりの借金残高は膨らみ続け，自治体財政を逼迫させていく。「賢い支出」を実践するのであれば，余力のあるうちに返しておくべきなのだ。

37) 総務省「平成 26 年度下水道事業経営指標・下水道使用料の概要」.

第4節 不合理な選択，不都合な真実

価格を通じた合理的選択のメカニズムの不発

前節までに記した通り，人口のまばらな地域では，下水道による集合処理は経済的に成り立たない。建物ごとに処理施設をつくったほうが合理的である。しかし，わが国では数多の散村で下水道が選択されてきた。

同じ効果を生むサービスで，高コストのサービスと低コストのサービスがあった場合，高コストのサービスを選択する人は，よほどの変わり者か，お金を使いたくてしょうがない人種であろう。本人の選択ならまだしも，他人のお金をあずかる代理人としては失格である。その不思議な現象が各地で多発した原因の根本は，「肩代わり」である。わが国の下水道は，本来使用者が負担するべき費用の一部が市町村の一般会計で肩代わりされており，これによって，下水道使用料は本来の水準よりも低く抑えられている。つまり，価格を通じた合理的選択のメカニズムが発動しない構造となっているのだ。

生活排水処理インフラのもう一つの選択肢である浄化槽は，かつて生活雑排水を処理できないタイプの単独処理浄化槽が主流であり，性能的に発展途上であったうえ，維持管理体制も整っておらず，浄化処理が不十分で放流先の汚濁や，悪臭の原因ともなっていた。人口増加や経済成長に伴って，各地で河川や海洋の水質汚濁が社会問題化し，市民の環境への関心が高まりをみせるなか，下水道の役割に「公共用水域の水質の保全」が加えられ，手厚い財政支援のもとで普及が図られるようになった。1980 年代前半までは浄化槽と下水道の利用人口が拮抗していたが，やがて下水道中心の普及へとシフトしていく。下水道整備は大規模インフラであるから，地元の雇用創出，景気浮揚という副次的効果も期待できた。

かくして，下水道がわが国の生活排水処理インフラの第1選択となった。

下水道のほうが“割安”という誤解，不都合な真実

一方，浄化槽も着実に技術的進化を遂げてきた。

1984年には生活雑排水も処理可能な「合併処理浄化槽」が開発・実用化され，法制度面でも『浄化槽法』制定（1983年）や『建築基準法』の構造基準の厳格化等を通じて制度が整えられた。浄化槽設備士や浄化槽管理士などの国家資格が設けられ，設置や管理の水準が底上げされた。かつてのように，下水道未整備地区でトイレを水洗化するための“つなぎ”的存在ではなく，排水処理の技術的側面において下水道に引けをとらない「恒久的な汚水処理施設」へとレベルアップしたのだ。しかし，すでに国民の下水道への「選好傾向」は板についてしまっている（下水道の整備済み地域であるか否かで不動産価格は異なることからも，それははっきりしている）。

では，なぜ今日においてもなお，浄化槽が選択されないのか。

一つは，国民（なかでも行政や議会）に定着した「汚水処理は原則として下水道で処理すべし」という強固な常識・信条の存在であろう。新たな技術によって常識が覆るまでには，一定の時間がかかる。下水道は，すでに巨額の国家予算が投じられる社会資本として，国民に認知されている。これに対して，進化したとはいえ浄化槽は建物に付随する一設備に過ぎないということで，「おもちゃ」扱いまでされた[38)]。

もう一つは，先述した通り，価格を通じた合理的選択のメカニズムが発動しなかったからだ。下水道料金は本来のコストを反映していないうえ（使用料を安く抑えるために税金が投入されている），浄化槽の場合は保守点検，清掃，法定検査が定期的に必要で，そのための手続きと費用負担，さらに送風のための電気代を支出しなければならない。浄化槽は建物に付属する資産とみなされ，基本，行政からの助成はない（一部，設置にかかる補助事業はある）。結果として，住民にとって下水道のほうが“割安”かつ“手間いらず”だと認知されることになるわけである。

しかし，下水道の肩代わりに使われている一般会計は，強制力を伴って徴収する税を財源としている。下水道を使用していない住民（浄化槽を使っている住民）にとっては，受益なき負担である。下水道利用世帯だけが受益の恩恵にあずかるという構造だ。本来なら納得しろというほうが無理な話である。

しかも，下水道に公費が振り向けられたということは，それだけ民生，農林水産業，土木，教育などの行政サービスが削られたのと同じである。

---

38) 村内の生活排水処理をすべて合併処理浄化槽によって行うことを決定した村が，国や県から「何でそんなおもちゃみたいなことをするのか」と翻意を促されたとの証言がある。長野県下條村で村長を務めた伊藤喜平氏が，国土交通省ら主催の「第11回全国水の郷サミット東京」（2005年）で，次のように明かしている。

「私どもの村では，平成2（1990）年に上水道が完成した後，直ちに下水道の検討に入りました。当時，議長をやっておりました私は，『下水道処理等に関する委員会』の責任者として，1年間各地を廻り検討しました。そして，公共下水道はやめましょう，農業集落排水はやめましょう，合併処理浄化槽一本に絞りましょう，という答えになりました。当時はまだバブルが華やかな頃でございまして，国や県・コンサルから『何でそんなおもちゃみたいなことをするのか』とさんざん言われました。日本列島中がこのようなムードの時でした」〔講演：伊藤喜平・長野県下條村長「自立の村づくり」（平成17年10月26日），http://www.mlit.go.jp/tochimizushigen/mizsei/mizusato/summit/NO11/2005summit.htm（最終閲覧日　2016年11月1日）〕

なお，下條村といえば，2014年度の実質公債費比率が全国第1位という財政健全度ナンバー1の自治体。高コストの下水道を一切つくらなかったことで健全な財政状態を維持し，子育て支援や人口減少対策など“攻め”の自治体行財政を行っていることで，「奇跡の村」として有名な村である。

千葉県野田市はあえて「住民間の不公平」という問題を提起して使用料引き上げへの理解を市民に求めたが（54〜56 頁参照），他の自治体もこうした不都合な真実をしっかり公表して，住民との間で課題を共有する必要があろう。

不合理なインフラ選択のツケ，いつまで救済を続けるのか

不公平は，一つの市町村内の「下水道利用世帯⇔それ以外の世帯」の間だけで起こっているわけではない。税の再分配機能を通じて，全国規模で下水道肩代わり分の所得移転が行われている。下水道事業のために一般会計から繰り入れられた公費は，国の指導に従った経理処理が行われていれば，その一定割合が国から地方交付税として穴埋めされるからである。

例えば，分流式下水道の建設で下水道事業債を発行した（借金した）市町村では，その償還（返済）に充てる費用のうち 2〜6 割（雨水分を含めば 3〜7 割）を公費の繰り入れで用立てることが認められており，その繰入額のうち 7 割が国から地方交付税で穴埋めしてもらえるのだ。つまり，その市町村が下水道整備でつくった借金のうち，最大 42％が地方交付税によって返済されることになる。地方交付税は，もとをただせば全国の納税者が納めた税だ。全国の納税者は，それとは気づかずに，知らない町の下水道利用世帯のために費用を拠出させられているわけである。

分流式下水道は 1970 年代以降に主流となった設置方式であり，少なくとも処理面積ベースでみて 8 割以上を占めている。2006 年度の繰入基準改正では，この方式で整備された建設費の償還について，人口密度が低くコスト高となる市町村ほど，より手厚く地方交付税措置を受けられるよう見直された。言い換えれば，下水道が経済的に釣り合わない地域に傾斜配分する仕組みに改められたわけである。誤解をおそれずにいえば，不合理なインフラ選択をした市町村のツケを，国全体で支える制度になっているということだ。

なお，忘れてはならないのが，「集合処理は，たとえ人口が減っても，汚水が排出される限り，管路もポンプもみな維持し続けなければならない」ということだ。人口が減って処理しなければならない汚水量が減っても，インフラを維持するコストはそう変わらない。つまり，今後右肩下がりで人口が減少するわが国では，必然的に1人当たりの負担額が右肩上がりに跳ね上がることになる（**図 2-4-1**）。使用料は累次にわたって引き上げなければならないだろうし，公費繰入の増額も不可避だ。不合理なインフラ選択をした市町村のツケは，ますます大きくなって全納税者に拡散される。

加えて，インフラは耐用年数がきたら更新しなければならない。そのための積み立てはほとんどできていない。つまり，今度こそ本当に「返す当てのない借金」となりかねない。

いつか限界がやってくる。どこかで“損切り”しなければならない。不合理なインフラ選択は，どこまでいっても不合理であり，間違ってい

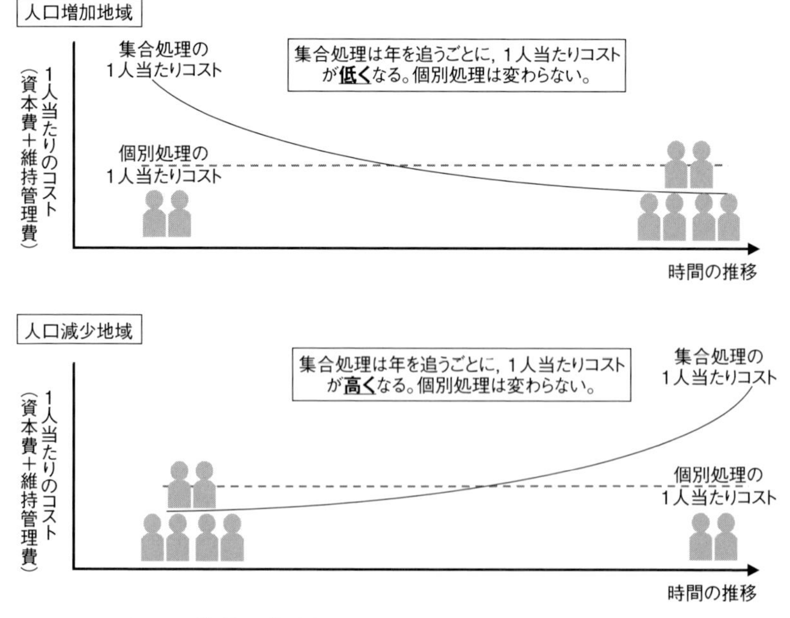

図 2-4-1　人口の推移と集合処理の1人当たりコスト
〔筆者作成〕

る。これは目を背けてはならない真実だ。

本書では，その間違いを定量的に明らかにするために，以下，公費繰入をゼロとする前提で，集合処理と個別処理の経済比較を試みる。公費による壮大な肩代わりを内包したままの比較では，「割安な下水道」と「設置も維持管理もすべて自己負担の浄化槽」という，不毛な結論にしかたどり着けない。価格だけがすべてではないが，価格を通じた合理的選択のメカニズムがまったく働かないという現状のもとでは，社会は動かないものと考える。

では，実際のところ，コストはどうなっているのか。

現在の使用料は，月額公共下水道 2730 円，特環 3009 円，農集 3167 円

その前に，まず現在の「表向き」の下水道使用料がどの程度であるのかを確認したい。

下水道の料金体系は各市区町村によって異なるので，下水道の経営状況をみるときの共通の物差しである「一般家庭使用料」（一般家庭で月 20 立方メートル使用した場合に請求される金額）によって，平均値や最高・最低値を確認するものとする。使用するデータは総務省の「平成 26 年度下水道事業経営指標・下水道使用料の概要」である。

同資料によれば，一般家庭使用料の全国平均値は公共下水道が 2730 円 / 月，特定環境保全公共下水道が 3009 円 / 月，農業集落排水施設が 3167 円 / 月となっている。

料金は各市区町村によってそれぞればらつきがあり，公共下水道については最低値が 777 円 / 月（埼玉県戸田市）～最高値が 5400 円 / 月（福岡県築上町），特定環境保全公共下水道は最低値 871 円 / 月（沖縄県石垣市）～最高値 5616 円 / 月（岐阜県揖斐川町），農業集落排水施設が最低値 927 円 / 月（沖縄県与那国町）～最高値 7344 円 / 月（福井県小浜市）という幅となっている（**表 2-4-1**）。

総務省は，汚水処理経費への安易な公費繰入を戒めるため，繰り入れに

表 2-4-1　現在の集合処理施設の使用料

	平均値	最低値	最高値
公共下水道	2,730 円	777 円	5,400 円
特定環境保全公共下水道	3,009 円	871 円	5,616 円
農業集落排水施設	3,167 円	927 円	7,344 円

〔資料：総務省「平成 26 年度下水道事業経営指標・下水道使用料の概要」をもとに作成〕

際して「これだけは経営努力として最低限遵守するように」として，一般家庭使用料を月 3000 円以上とするよう目安を示して指導している[39)]。言い換えれば，「公費を繰り入れて交付税交付を求める以上，少なくとも自ら月 3000 円程度の使用料を徴収するぐらいの経営努力を見せなさいよ」というわけである。で，この指導を守っていない市町村がどれくらいあるかを調べてみると，公共下水道が 664 事業体（総数の 59%），特環下水道が 333 事業体（同 46%），農業集落排水施設等が 458 事業体（同 38%）となっていた。

公費繰入なければ，月額公共下水道 4493 円，特環 9914 円，農集 1 万 888 円

次に，公費繰入をやめたら，これら使用料がおよそどうなるかをシミュレーションしてみる。

39) 平成 26 年 8 月 29 日付総財公第 107 号・総財営第 73 号・総財準第 83 号「公営企業の経営に当たっての留意事項について」総務省自治財政局公営企業課長・公営企業経営室長，準公営企業室長通知において，「第 3．公営企業の経営に係る事業別留意事項― 4　下水道事業―（1）経営について」として，次のように記されている。「⑦下水道事業における使用料回収対象経費に対する地方財政措置については，最低限行うべき経営努力として，全事業平均水洗化率及び使用料徴収月 3000 円 / 20 m^3 を前提として行われていることに留意すること。⑧分流式下水道等による経費の繰出基準を踏まえ，汚水処理経費についても，使用料で賄うべき経費と一般会計で負担すべき経費とを明確に区分するとともに，使用料が低い水準にとどまり，使用料で賄うべき経費を一般会計からの繰入等により賄っている地方公共団体にあっては，早急に使用料の適正化に取り組むこと。」

【公共下水道】

公共下水道への一般会計繰入金は国全体で1兆4023億1200万円（総務省自治財政局（2016）「平成26年度地方公営企業年鑑」）。うち汚水処理部分は，雨水負担金（5730億4800万円）を除く8292億6400万円（同）。これを公共下水道の処理区域内人口9486万人（総務省「平成26年度下水道事業経営指標・下水道使用料の概要」）で割り返せば，繰り入れが行われることによる使用料負担の1人当たり軽減効果がざっくりわかる。計算してみると，その額は8742円/年。これに直近の国勢調査における「平均世帯人員数」2.42人を乗じると，繰り入れによる1世帯当たりの軽減額を推定できる。結果は2万1156円/年。月額に換算すれば1763円/月である。

つまり，現在の使用料平均額2730円は，繰り入れがなかったら4493円/月まで上昇することになる。65%アップである（**図2-4-2**）。

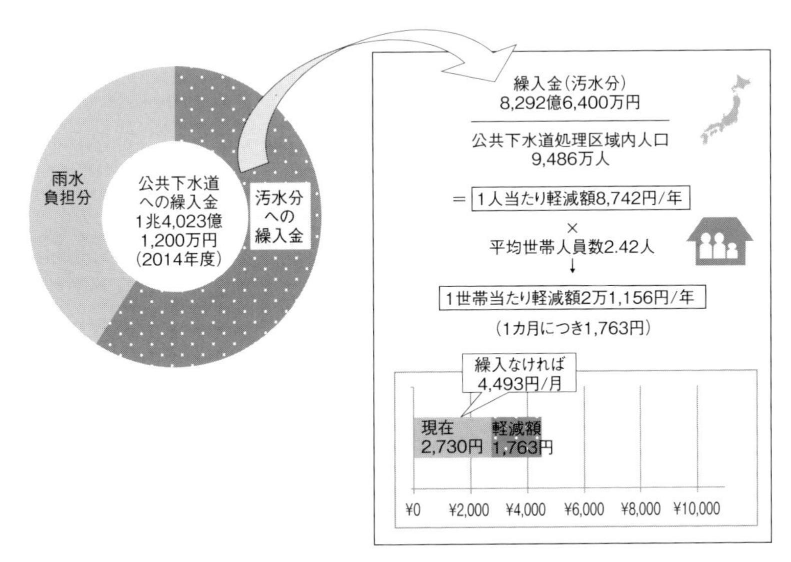

図2-4-2　公共下水道への一般会計繰入による軽減額試算
〔筆者作成〕

【特定環境保全公共下水道】

特定環境保全公共下水道への一般会計繰入金は国全体で1328億9800万円。うち汚水処理部分は，雨水負担金（17億5700万円）を除く1311億4100万円。これを特環下水道の処理区域内人口383万人で割り返して「使用料負担の1人当たり軽減効果額」を求めると，3万4240円/年。これに直近の国勢調査における「平均世帯人員数」2.42人を乗じて「使用料負担の1世帯当たり軽減効果額」を求めると，8万2862円/年。月額に換算すれば6905円となる。

つまり，現在の使用料平均額3009円は，繰り入れがなかったら9914円/月まで上昇することになる。3.3倍である（**図2-4-3**）。

【農業集落排水施設】

農業集落排水施設への一般会計繰入金は国全体で1345億6500万円。うち汚水処理部分は，雨水負担金（1億8000万円）を除く1343億8500

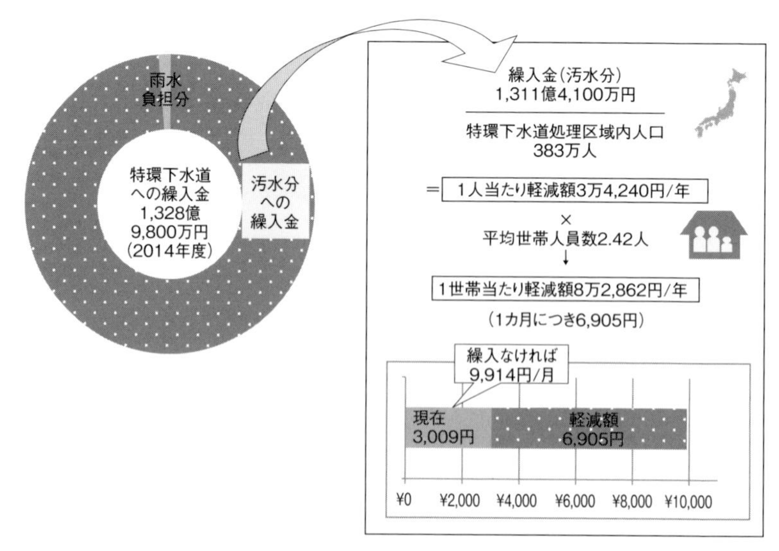

図2-4-3　公共下水道への一般会計繰入による軽減額試算
〔筆者作成〕

万円。これを特環下水道の処理区域内人口351万人で割り返した「使用料負担の1人当たり軽減効果額」は3万8286円/年。これに直近の国勢調査における「平均世帯人員数」2.42人を乗じると9万2653円/年。月額に換算すれば7721円。

つまり，現在の平均値3167円は，繰り入れがなかったら1万888円/月まで上昇することになる。3.4倍である（**図2-4-4**）。

以上，公共下水道は2730円/月から4493円/月へと65%アップ，特環下水道は3009円/月から9914円/月へと3.3倍，農集は3167円/月から1万888円/月へと3.4倍増になる――という結果である（**表2-4-2**）。平均世帯人員数について全国平均値を当てはめたところなど，数字のベースが異なるところもあるので，あくまで参考値ではあるが，おおよその「軽減効果」をご確認いただけたと考える。

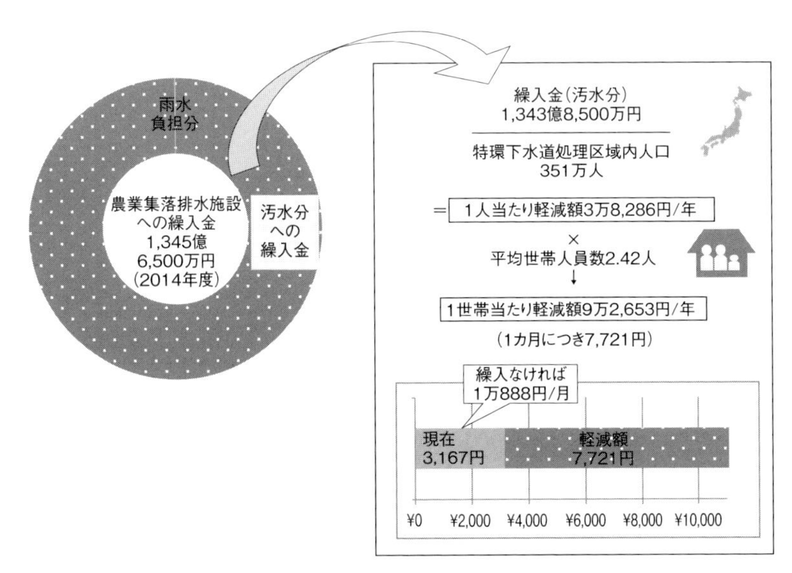

図2-4-4　公共下水道への一般会計繰入による軽減額試算
〔筆者作成〕

表 2-4-2　シミュレーション結果―繰り入れがなかった場合の使用料（月額）

	現在の使用料（平均）	繰り入れがなかった場合の使用料（平均）	繰り入れによる軽減効果	（割合）
公共下水道	2,730円	4,493円	▲1,763円	（▲39.2%）
特定環境保全公共下水道	3,009円	9,914円	▲6,905円	（▲69.6%）
農業集落排水施設	3,167円	10,888円	▲7,721円	（▲70.9%）

〔資料：総務省「平成26年度下水道事業経営指標・下水道使用料の概要」，総務省自治財政局（2016）「平成26年度地方公営企業年鑑」を参照して試算〕

浄化槽との“公平”な比較で，今後のインフラを考える

下水道のほうが“割安”だというのは誤解である。**表2-4-2**に掲げた金額はあくまで平均値であって，実際にはこれよりもっと高額になるケースが大半である。

ひるがえって，個別処理インフラである浄化槽は，シンプルな「実費払い」だ。設置に関しては，本体費用と施工費用を建物所有者が事業者に支払い，維持管理に関しては，保守点検や清掃を建物所有者が発注し，かかった費用を支払う（だいたいは「そろそろ点検の時期がやってきましたが，いかがですか」などの連絡が事業者から入る）。

設置費用は，戸建て住宅で標準となる「5人槽」1基当たりで80万～100万円。維持管理費用は，同じく5人槽1基でおおよそ年間5万9000円程度である。内訳は，年3回の保守点検で1万8000円程度，年1回の清掃で2万5000円程度，年1回の法定検査で5000円程度を要し，これに，汚水槽に空気を送り込んで有機物分解を促す「ブロアー」という装置を稼働するための電気代が年間約1万1000円である[40]。

40）環境省（2010）『パンフレット「単独処理浄化槽から合併処理浄化槽へ」』

ただし，以上の5万9000円という金額は，戸建て住宅向け浄化槽の場合の費用だ。集合住宅の場合は，中型～大型の浄化槽1基で複数世帯からの生活排水をまとめて処理するので，1世帯当たりの維持管理費はもっと安価で済む。また，保守点検，清掃，法定検査を一括契約とし，支払いをまとめることで，料金が割引となる例も各地で広がってきていることも付言しておきたい。

現状で浄化槽利用世帯が支払っている費用は以上の通りだが，公正に比較するうえでは，もう一つ考慮するべきことがある。浄化槽から抜き取った汚泥を処理する費用のことだ。公共下水道の場合は大半の終末処理場において汚泥処理まで一気通貫であるが，浄化槽の場合は清掃時にバキュームカーで抜き取った汚泥を，汚泥処理施設で処分する必要があるのだ。汲み取り便所から収集したし尿も合わせて，この処理に全国で年間2251億円（利用者1人当たりに換算して6500円 / 年）かかっているが，そのほとんどが公費で賄われていて，利用者（住民）は1割程度しか負担していない[41]。下水道と浄化槽でコスト比較するのであれば，この汚泥処理に投じられる公費を全額，合併処理浄化槽利用者の負担に置き換えた場合のトータルの負担額によって比較する必要がある。

汚泥処理にかかる経費を全額利用者負担に置き換えたとしたら，高く見積もっても1世帯当たり年額1万5730円程度と見込まれる[42]。したがって，現状の浄化槽維持管理費計5万9000円と合わせて，浄化槽の維持管理にかかるトータルコストは「7万4730円 / 年」ということになる。

41）環境省大臣官房廃棄物・リサイクル対策部廃棄物対策課（2016）「平成26年度版日本の廃棄物処理」平成28年3月p48,「し尿処理事業経費の推移」によれば，平成26年度のし尿処理事業経費は2251億4400万円，うち使用料・手数料収入は268億600万円で全体の11.9％にあたる。し尿処理対象人口は3450万人（非水洗化人口781万人＋浄化槽人口2668.7万人）で，1人当たりのし尿事業経費は6500円。

42）「1人当たりし尿処理事業経費6500円×わが国全世帯の平均世帯人員数2.42人＝1万5730円」と算出。現行でもし尿処理事業経費の1割が利用者によって負担されているが，それは考慮に入れていない（負担のあり方が市町村によってまちまちであるため）。また，し尿処理事業経費は，浄化槽汚泥のみならず，汲み取り便所のし尿にかかる計画収集および処理にかかる経費を含むものである。

この浄化槽の費用と，公費投入がなかった場合の下水道の費用を比較し，「これなら浄化槽のほうがよい」ということであれば，速やかに転換すべきである。逆に，「やっぱり下水道がよい」ということであれば，今後人口が減って使用料が値上がりしても住民みなで頑張って支払い続けることを確認・合意し，地域の責任で設備を維持すればよい。言わずもがなではあるが，地域の選択に責任をもつ以上，公費繰入はなしだ。

以上の検討に資するように，**表 2-4-3** で公共下水道と浄化槽にかかる維持管理費の整理を試みた。点線囲みで強調してあるのは，この表のなかでポイントとなる「維持管理費計」「公費投入による軽減額」「公費投入による汚泥処理経費の肩代わり分」「公費投入がなかった場合の維持管理費」の 4 点である。

また，この 4 点に絞って，公共下水道，特環下水道，農業集落排水施設等，浄化槽を比較してみたのが**表 2-4-4** である。

この表からは，①特環下水道は現在 1 世帯当たり使用料が全国平均で 3 万 6108 円 / 年という水準であるものの，それは公費によって 1 世帯当たり約 8 万 3000 円 / 年ほど負担が軽減された結果であるということ（軽減されなければ 11 万 8970 円 / 年），②同じく農業集落排水施設等には 1 世帯当たり使用料が全国平均で 3 万 8004 円 / 年という水準であるものの，それは公費によって 1 世帯当たり約 9 万 3000 円 / 年ほど負担が軽減された結果であるということ（軽減されなければ 13 万 657 円）――が読み取れる。すなわち，公費投入がなければ，現時点でもそれぞれ浄化槽の 1.6～1.8 倍ものコストを要するということである。もちろん，これは全国平均での金額であるので，さらに高コストの特環や農集等が相当程度存在する。さらには，集合処理は人口減少が進むほどに 1 人当たりにかかるコストが右肩上がりに上昇していくことに留意が必要である。

表 2-4-3　公共下水道と浄化槽のコスト比較[※1]

公共下水道		合併処理浄化槽（戸建て）
終末処理場	処理場所	各家庭
第 1 汚水桝まで市町村	管理区分	個　人
不　要	保守点検	年 3 回以上 （年 18,000 円程度 ：5 人槽の場合，以下同）
不　要	清　掃	年 1 回 （年 25,000 円程度）
不　要	法定検査	年 1 回 （年 5,000 円程度）
平均 2,730 円 / 月 最低額 777 円～最高額 5,400 円 （月 20 立方メートル使用した場合）	使用料負担	な　し
不　要	電　源	必　要 （年 11,000 円程度）
平均 32,760 円 / 年（①） 最低額 9,324 円～最高額 64,800 円 （使用料負担を年額換算）	維持管理費計	59,000 円 / 年（③） （上記合計） *集合住宅の場合はもっと割安になる
1 世帯に換算して 21,156 円 / 年[※2]（②）	公費投入による軽減額	な　し
	公費投入による汚泥処理経費の肩代わり分	1 世帯に換算して， 高くても 15,730 円 / 年（④）
①+② 53,916 円 / 年	公費投入がなかった場合の維持管理費	③+④ 74,730 円 / 年

※1　浄化槽については設置費用として 5 人槽で 90 万円程度を要するが，これについては上掲金額に含まれていない。また，下水道についても接続時に受益者負担金（分担金）として数万円～数百万円を支払う必要があるが，これについても上記に含めていない。

※2　公共下水道事業への一般会計繰入金 1 兆 4023 億 1200 万円のうち汚水処理分 8292 億 6400 万円について，公共下水道処理区域内人口 9486 万人で除して，平均世帯人員数 2.42 人を乗じたもの。

〔資料：総務省「平成 26 年度下水道事業経営指標・下水道使用料の概要」，総務省自治財政局（2016）「平成 26 年度地方公営企業年鑑」，環境省（2010）『パンフレット「単独処理浄化槽から合併処理浄化槽へ」』の数値をもとに筆者作成。試算過程は本文中に記載〕

表 2-4-4　各生活排水処理インフラの 1 世帯当たり維持管理費（年額）

	集合処理			個別処理
	公共下水道（使用料を年額換算）	特定環境保全公共下水道（使用料を年額換算）	農業集落排水施設等（使用料を年額換算）	合併処理浄化槽（5 人槽 1 基当たり費用）
維持管理費計	平均 32,760 円：A ① 最低額 9,324 円 最高額 64,800 円 （使用料を年額換算）	平均 36,108 円：B ① 最低額 10,452 円 最高額 67,392 円 （使用料を年額換算）	平均 38,004 円：C ① 最低額 11,124 円 最高額 88,128 円 （使用料を年額換算）	概算 59,000 円：D ① *これは戸建て向け浄化槽の費用。集合住宅の場合，1 世帯当たり費用はもっと割安になる
公費投入による軽減額（下水道事業への一般会計繰入額の汚水処理分について 1 世帯当たりに換算※）	平均 21,156 円：A ②	平均 82,862 円：B ②	平均 92,653 円：C ②	—
公費投入による汚泥処理経費の肩代わり分（87 頁，脚注 41，42 参照）	—	—	—	概算 15,730 円：D ②
公費投入がなかった場合の維持管理費	A ①＋ A ② 平均 53,916 円	B ①＋ B ② 平均 118,970 円	C ①＋ C ② 平均 130,657 円	D ①＋ D ② 概算 74,730 円

〔資料：総務省「平成 26 年度下水道事業経営指標・下水道使用料の概要」，総務省自治財政局（2016）「平成 26 年度地方公営企業年鑑」，環境省（2010）『パンフレット「単独処理浄化槽から合併処理浄化槽へ」』の数値をもとに筆者作成。試算過程は本文中に記載〕

もはや糊塗できない「不合理な選択・不都合な真実」

ここまでの議論をいったん小括したい。

不合理な選択とは何か。「**集合処理の不適な地域で，集合処理が選択されてしまったこと**」である。集合処理は，①構造的に高くつく，②人口減少で１人当たり負担額が不可逆に高騰する，③老朽化に対応した大規模な更新が将来的に必要である――という特徴があるため，「どこまで集合処理でいくか，どこから個別処理でいくか」という判断は，現実的な人口予測を踏まえて，慎重かつ抑制的に行うべきだった。しかしわが国では，人口のまばらな地域にも，数多の集合処理が整備されてしまった。

では，なぜこのような「不合理な選択」がなされたのか。

その一。国民（なかでも行政や議会）に，「汚水処理は原則として下水道で処理すべし」という強固な常識・信条が定着していたから。今も，下水道に比べて浄化槽は劣るという誤解が存在している。たしかに単独処理浄化槽が主流であった時分には，生活排水の処理が行われないことなどから水質汚濁の原因にもなっていたが，今の合併処理浄化槽では問題は基本的に解決している。しかし，その事実が浸透していない。一方で，下水道は，補助金や地方財政措置で国がテコ入れする「社会資本」として，不動のポジションに鎮座している。

その二。集合処理に対する制度化された財政支援（補助金，一般会計繰入＋地方財政措置）のもと，公平・公正な経済比較を行う機会が損なわれていたから。片方に使用料負担軽減のための財政措置がついていて，もう片方にはないという不整合な条件のもとでは，住民の負担はどっちが軽いかを論じても，「合理的な選択」などできようがない。

その三。人口は増え続けるものだとの「思い込み」「願望」により，将来人口推計を確信犯的に無視したことの結果。長く人口が増え続けてきたわが国では，過疎地においてさえ「下水道がない土地に人は引っ越してはこないし，企業誘致もできない」という理屈で集合処理に傾いていったとも解せられる。

だが，人口のまばらな地域での集合処理選択は不合理であり，間違いである。それは，はっきりしている。その「**不合理で間違った選択のツケを国全体で払っている構造**」が，不都合な真実である。

浄化槽利用世帯は，下水道利用世帯の負担軽減のために，なんの得もないのに一方的に負担させられている。しかも，地方財政措置によって，こうした所得移転は一つの市町村の枠内にはとどまらず，日本全国の納税者が肩代わりさせられている格好だ。こうした財政措置は，より下水道が経済的にペイしない地域に傾斜配分されている現実がある。支援なしでは事業が成り立たないから支援する，という理屈ももちろんあろう。しかし，それではなぜそのような事業を始めたのか。この先いつまで続けるのか。

今後，わが国の人口は不可逆的に減る。集合処理の事業効率は落ちる一方である。1人当たり負担額は右肩上がりに跳ね上がることになろう。市町村財政もさらに逼迫する。現状のように公費の繰り入れを続けていたら，財政破綻もありうる。一方で，更新できないままに老朽化の進んだ下水道が続出し，陥没事故が多発する危険もある。

もはやこれ以上，こうした事実を糊塗して問題をこじらせるわけにはいかない。国民全体でこの現実を共有し，先送りせずに，今ここから問題解決に着手する必要がある。

―補　足

「①（集合処理は）構造的に整備費が高くつく」について

集合処理では，固形物を含む汚水を目詰まりや逆流させることなく，確実に最終処理場まで流すために，緻密に高低差をつけて下水管を敷設しなければならない。しかも地下深度が深くなり過ぎないように，ところどころ地表近くまで揚水するための施設＝「中継ポンプ」も必要となる。こうした費用がかかるため，管路の不要な個別処理と比べてコスト高となってしまうということである。

「②（集合処理は）人口減少で１人当たり負担額が不可逆に高騰する」について

集合処理は，人口が減って処理すべき汚水量が減ってもなお，管路をはじめとするインフラ一式を維持し続けなければいけないので，事業効率が落ちる。利用者（住民）数の減少に伴う使用料収入の減少によって収支悪化を招き，1人当たりの負担額を増やして帳尻を合わせるしかなくなる。ひいては，利用者は「人口減少」という自らの責によらない理由で，負担増を甘受しなければならない。一方，個別処理の場合，負担額は基本的に人口にかかわらず一定である。

「③老朽化に対応した大規模な更新が将来的に必要である」について

個別処理の場合は，建物の建て替えにあわせて浄化槽を入れ替えることになるが，集合処理の場合は町全体に管路を敷き詰めたインフラであるため，耐用年数がきたら順次更新していく必要がある。そのときに備えて資金を積み立てておくか，少なくとも整備に要した借金は耐用年数のうちに完済しておくことが前提となる。そうでなければ，今ある借金のうえにさらに巨額の借金を重ねることになる。人口が減少すれば，1人当たりの負担はさらに大きくなるので維持することがいよいよ困難になる。

第3章

浄化槽という選択肢

第1節 “つなぎ”的存在から，恒久的な汚水処理施設へ

「1億総水洗化」政策と，全国的普及をみた単独処理浄化槽

わが国で公共下水道が全国的に普及し始めたのは1970年代からのことである。

下水道は，「都市の健全な発達及び公衆衛生の向上に寄与」することを目的とした“都市施設”であり，行政が整備に取り組まなければならない根拠は，『都市計画法』における「都市計画基準」によっていた。ゆえに，都市でない地域はそもそも下水道の守備範囲ではなかった。また，守備範囲内である都市計画区域でも，財源不足により下水道の整備は遅々として進まず，結果，水洗トイレを使えるのは事実上大都市の旧市街地など，一部に限られていた。しかし，高度経済成長のなか，清潔で臭いのない水洗トイレを求める声は全国的に高まる一方であり，それを実現するためのインフラ整備が，国として主要政策課題の一つとなっていく。厚生省（現在の厚生労働省）が，『厚生白書』において高らかに「1億総水洗化」[1)]

1）厚生省「厚生白書（昭和40年度版）」第2章第2節.
「衛生上も生活意識上も便所の水洗化に対する要請は加速度的に高まる情勢にある。今やこの要請を受けとめ，近い将来において一億総国民の便所を水洗化することを目標とした施策が計画的に推進されることが期待されているのである。」

「国民総水洗化」[2] を宣言して，公共下水道等の整備強化方針を掲げたのは，そんな1960年代半ばのことであった。

そして1970年，いわゆる「公害国会」で『下水道法』が改正され，下水道の目的に「公共用水域の水質保全」が加えられた。法的に，河川や海域の水質を担保するという役割を与えられた下水道は，これを契機に社会資本整備計画の枠組みに入り，経年的に整備予算が大幅に拡充され，全国的普及へ向けた局面に入ったのである。

しかし，下水道は計画立案から整備が完了し実際に利用できるようになるまで，中長期の年月を要する。「水洗トイレへのある暮らし」という国民の悲願が“お預け”状態であることに変わりはなかった。そこへ，間隙を縫うように登場したのが，小型で簡単に設置できるFRP製（Fiber Reinforced Plastics；ガラス繊維強化プラスチック製）の浄化槽である。

それまでの浄化槽は，現場打ちやコンクリート管組立のものがほとんどで，普及には難があった。しかし，このFRP製浄化槽は大量生産が可能で，スペースに制約のある一般家屋にも簡単に設置ができる。下水道が整備されるまでの“つなぎ”にはもってこいだ――というわけで，住宅ブームとも相まって浄化槽は一気に全国へ普及していった。以後，1980

2）厚生省「厚生白書（昭和41年度版）」第2章第3節.
「下水及びし尿の処理行政の主眼は，**国民総水洗化**である。国民総水洗化とは，いうまでもなく，人間が生存し，活動を続けているかぎり，中止することのできない排せつ活動の結果を衛生的に処理するため，日本全国のあらゆる便所を水洗便所化しようというものである。し尿を衛生的に処理するため，厚生省は従来二つの方式による対策を推進してきた。すなわち，汲取便所から汲取バキューム車等で運搬した汲取りし尿を，衛生処理するためのし尿処理施設を各地に建設する方式と，水洗便所によってし尿を排除処理するための公共下水道等を整備する方式である。しかし，第1の方式は，汲取便所の存在そのものが，臭気と，はえなどの害虫の発生源であり，生活の快適さの阻害と後進国的疾病の流行とをもたらすものであるから，今後のし尿処理は水洗便所－公共下水道という処理方法を中核とし，公共下水道のなじまない地域では，地域し尿処理施設（コミュニティ・プラント）を整備するという方針がとられなければならない。」
なお，当時の下水道行政の所管は，管渠は建設省，最終処理場は厚生省という体系になっていた。その後，1967（昭和42）年に最終処理場も含めて全面的に建設省の所管ということに改められ，現在に至る。

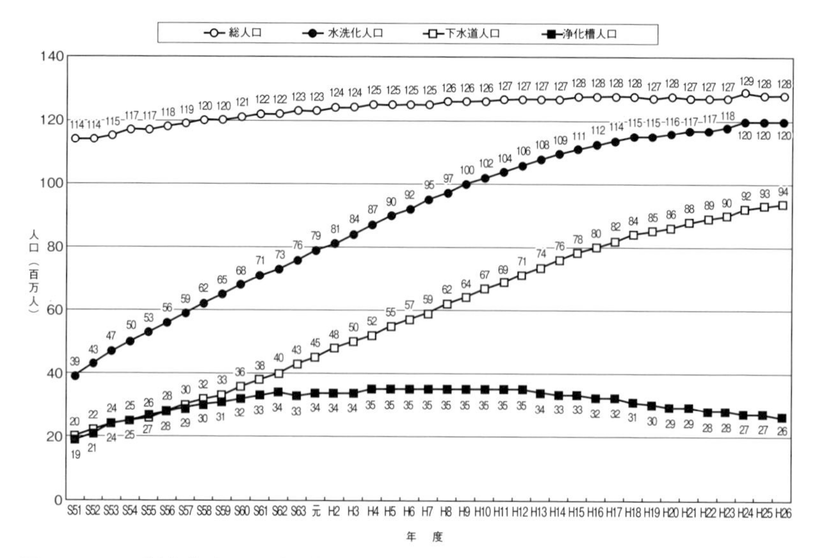

図 3-1-1　水洗化人口の推移

〔資料：環境省大臣官房廃棄物・リサイクル対策部廃棄物対策課（2016）「平成 26 年度版日本の廃棄物処理」平成 28 年 3 月〕

年代前半までは，浄化槽利用人口と下水道利用人口はほぼ拮抗する形で推移することになる（**図 3-1-1**）。

生活排水問題，合併処理浄化槽の「小型化」「高性能化」による解決

しかし，このときの浄化槽は，し尿の浄化処理のみを行う「単独処理浄化槽」が主流であり，台所や浴室から出る生活雑排水は処理されないまま側溝や河川に流れ込んで，水質汚濁や悪臭被害を各地で引き起こすことになった。し尿の処理についても，今日の水準に照らして処理能力に劣るうえ，保守点検や清掃がなされないまま「無管理状態」で使用されるケース

が相次ぎ，放流先の汚濁や悪臭によるトラブルの原因ともなった[3)]。下流にあるダムや湖沼や海域では，生活排水に含まれるリン化合物や窒素化合物によって植物プランクトンが異常増殖し，水道水の異臭味や魚介類大量死も頻発した。

こうして社会問題化した河川，湖沼，海の水質悪化を食い止めるには，その主たる汚染源である生活雑排水をどうにかしなければならなかった。方法は，下水道を全国津々浦々に整備するか，し尿と生活雑排水の双方を浄化処理できる「合併処理浄化槽」を普及させるか，である。当時，合併処理浄化槽は一部存在していたが，どれも集合住宅向けの大型タイプであり，とても戸建ての住宅に設置できるものではなかった。一方で，下水道を即座に整備完了できるわけでもない。求められる“解”は，合併処理浄化槽の小型化であった。そういう時代背景のもと，わが国の浄化槽メーカーは産学共同で小型合併処理浄化槽の開発にしのぎを削り，1984 年，ついに製品化に成功した。

こうした技術開発の動向と歩調を合わせるように，法規の面でも見直しが進められた。わが国では，『建築基準法』の「屎尿浄化槽の構造基準」（昭和 44 年建設省告示第 1726 号）という基準を満たした浄化槽でなければ設置できないことになっているのだが，この構造基準を順次厳しくしていくことで，合併処理浄化槽の普及を促したのである。それだけではな

---

3)「FRP を素材とした単独処理浄化槽が開発され，『軽量・コンパクトで設置面積も少なく，設置工事期間も短く，維持管理も簡単ですぐ快適生活が楽しめます』という謳い文句と住宅ブームに乗って設置基数は大幅に伸びました。しかしながら，普及だけが先行して，法的，行政的に対応できず，しかも関係業界自体も自主的な対応力が欠けていたため，公共用水域の水質汚濁源となり，また，悪臭，騒音などの問題を引き起こすなど地域住民間でのトラブルの原因ともなり，社会問題を生むに至りました。当時は，あたかも浄化槽が諸悪の根源であるかのような言い方さえされるような状況でした。この頃は，多くの場合，設置者は設置した浄化槽が無届けであることさえも知らないまま日常的に便所を使用し，設置後の保守点検も清掃も未実施のため，無管理浄化槽となってしまったのです。寸法さえ基準に合っていれば，誰が，どこに，これを設置しても構わないというのが当時の状況であり，その結果，浄化槽の機能が維持されず近隣に迷惑をかけ，水質汚濁の源となっていました。」〔公益信託柴山大五郎記念合併処理浄化槽研究基金技術ワーキンググループ（2013）「浄化槽読本～変化する時代の生活排水処理の切り札～」〕

い。合併処理浄化槽の設置費用を助成する国庫補助制度も創設された。(1987年度〜)。「法規制」と「予算」の両面から，合併処理浄化槽の普及策が講じられていったわけだ。

これに加えて，従前の単独処理浄化槽も含めて適切な維持管理がなされるように，1983年には『浄化槽法』が制定された（所管は厚生省）。これにより，浄化槽の製造，設置，保守点検および清掃について規制が強化され，浄化槽の設置などに関する者の責任と義務が明らかにされるとともに，浄化槽設備士や浄化槽管理士の身分資格が確立された。

画竜点睛を欠く「既設単独処理浄化槽」問題，いまなお残る未処理放流

残された課題は「単独処理浄化槽の禁止」である。生活排水による河川・湖沼・海域の汚染をなくすには，建物に設置する生活排水処理施設は「合併処理浄化槽に限る」ものとし，あらゆる生活排水が浄化処理されるよう徹底するしかない。

政府は1990年，『水質汚濁防止法』を改正し，排水停止命令などの強制力を伴う同法の枠組みに，生活排水対策を組み入れた[4)]。といっても，一般家庭の浄化槽の排水を“取り締まる”という類のものではない。住民の守るべき規範と環境行政の方向性を明確化し，経済的誘導も含めて市町村の取りうる施策を裏書きしたものである。具体的には，下水道区域外に住む者の努力義務として生活排水処理施設の整備（合併処理浄化槽の設

---

4) 同法の目的に「生活排水対策の推進による公共用水域の水質汚濁防止」が追加された。改正法の施行通知には次のような解説が記されている。
「本改正法は，生活排水対策を推進するための制度的枠組みを水質汚濁防止法の体系の中に組み込んだものである。今回の改正により，水質汚濁防止法は，従前からの事業系排水規制への対応に加え，生活系の排水対策についても真正面から取り組むことになり，公共用水域の常時監視というチェックを介して，さらに一層，総合的な水質汚濁防止対策法としての体系を整えたことになった。」（平成2年8月1日環水規216号環境事務次官通知「水質汚濁防止法等の一部を改正する法律の施行について」）

置等）を規定するとともに，市町村に「生活排水対策の実施」の責務を課した。そのうえで，緊急に対策が必要な地域があれば都道府県知事が「重点地域」として指定し，該当する市町村が「生活排水対策推進計画」を策定し，当該市町村長が必要に応じて生活排水排出者に「指導，助言及び勧告」する権限を定めた。また，もともと処理対象人員500人超の大型浄化槽については同法による罰則つきの排水基準が適用されていたが[5)]，特段の汚濁防止措置が必要な閉鎖性水域（東京湾，伊勢湾，瀬戸内海など）付近に限って，処理対象人員201～500人の中型浄化槽についても同様に排水基準が適用されることになった[6)]。

一方，厚生省内に設置された「単独処理浄化槽に関する検討会」は1995年，「おおむね3年後には単独処理浄化槽の新設を廃止し，さらに21世紀初頭には既設の単独処理浄化槽もすべて合併処理浄化槽等に転換すること」と提言する報告書をまとめた。これを受けて厚生省は，浄化槽メーカーで構成される浄化槽工業会（現在の浄化槽システム協会）に対して単独処理浄化槽の製造廃止を協力要請するとともに，「単独処理浄化槽の新設廃止対策の推進について」という通知を発出[7)]。都道府県に対し，単独処理浄化槽の新設廃止に向けた計画策定を指導しつつ，管下に新設廃止対策が不十分な市町村があれば「きめ細かな指導，支援」を行うよう要請した。

そして2000年，単独処理浄化槽の新設を原則禁止する『浄化槽法』改正を行い，2001年から施行。単独処理浄化槽は浄化槽の定義から外され，

5）『水質汚濁防止法』第2条第2項における「特定施設」（生活環境に係る被害を生ずるおそれがある程度の汚水・廃液を排出する施設）の一つに指定されている。公共下水道の終末処理施設も特定施設の一つ。特定施設を設置する工場または事業場には，汚染原因物質ごとに超えてはならない「排水基準」が環境省令で一律に定められている。排水基準に適合しない排出水を排出した場合，「6月以下の懲役又は50万円以下の罰金」（ただし，過失で排水基準違反をした場合は「3月以下の禁錮又は30万円以下の罰金」）に処せられる。

6）「指定地域特定施設」と定義された（『水質汚濁防止法』第2条第3項）。排水基準や罰則は特定施設と同様。

7）平成9年6月30日付衛浄23号厚生省生活衛生局水道環境部環境整備課浄化槽対策室長通知「単独処理浄化槽の新設廃止対策の推進について」.

浄化槽＝合併処理浄化槽となった。このとき，下水道が整備されるまでの“つなぎ”として活躍した単独処理浄化槽は，その歴史的役割を終えたのである。

ただし，すでに設置されている単独処理浄化槽については，合併処理浄化槽への転換を所有者の努力義務と位置づけながら，経過措置としてそのまま使用を続けてよいこととした（法令上は，「既設単独処理浄化槽」というくくりで扱われることとなり，俗に「みなし浄化槽」と称されるようになった）。ところが，これが問題で，いつまで使用を認めるかの期限が定められなかったため，法改正から十余年もたった今日に至るまで経過措置が続くという異常事態となっている（**図 3-1-2**）。結果として，現時点でもなお単独処理浄化槽が全国に 423.3 万基残り[8)]，それだけの建物から

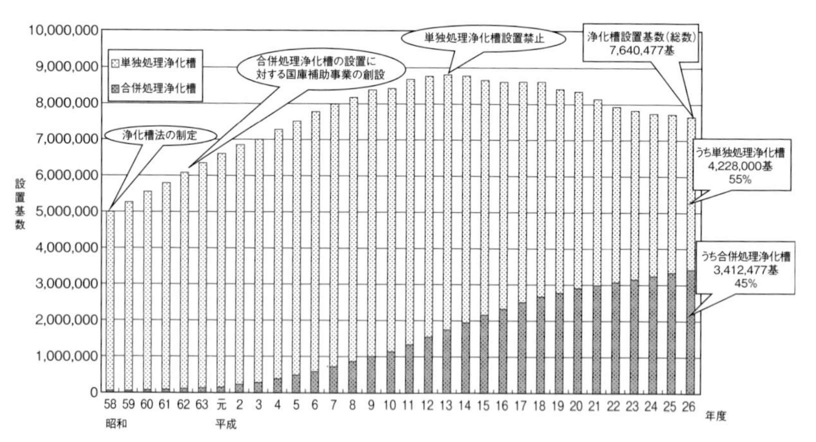

図 3-1-2　浄化槽の設置基数の推移

〔資料：環境省（2016）「平成 26 年度末における浄化槽の設置状況等について」平成 28 年 1 月 29 日〕

8）環境省大臣官房廃棄物・リサイクル対策部廃棄物対策課浄化槽推進室（2016）「平成 27 年度浄化槽の指導普及に関する調査結果」平成 28 年 3 月によれば，全国 765 万基ある浄化槽のうち，単独処理浄化槽は 423 万基，合併処理浄化槽は 341.8 万基と，単独処理浄化槽が過半を占めている。激変緩和のために暫定的に存続が認められた既設単独処理浄化槽が，法改正後 15 年経過してなお，正式な浄化槽を上回って稼働している。

生活雑排水の未処理放流が続いている。画竜点睛を欠くとはまさにこのことであり，いいかげん決着をつける必要がある。

2014 年，『水循環基本法』が衆参全会一致で制定された。水を「国民共有の貴重な財産」であるとして，水道から汚水処理，衛生，河川管理，森林管理，ダム，水力発電に至るまで「水の循環」に関する政策を一元的に推進することを規定した基本法だ（所管は内閣総理大臣を本部長とする水循環政策本部）。2015 年 7 月には水循環基本計画が閣議決定されたが，そこには「みなし浄化槽（いわゆる単独処理浄化槽）から浄化槽への転換について，転換費用の支援や広報活動により推進を図るとともに，更なる転換促進のための検討を進める。」と明記されたところである。

—単独からの転換阻む「負担の不公平感」/ もはや段階的に義務化する時期

環境省の「今後の浄化槽の在り方に関する懇談会」は 2016 年 3 月，今後浄化槽と関係業界が果たしうる役割，目指すべき将来像，それを実現するために取り組むべき対策を集約した報告書を取りまとめた。そこには，いわゆる「単独処理浄化槽問題」について，合併処理浄化槽への転換が進まない要因分析や，解決に向けての切り口・問題意識も整理されている。

報告書が（単独→合併への）転換が進まない要因として掲げているのは，「すでに水洗化が済んでいるから転換インセンティブが働きにくい」「転換にあたっての経済的な負担が大きい（特に高齢化世帯）」「下水道使用世帯や単独処理浄化槽使用世帯に比べて費用面で合併処理浄化槽使用世帯の負担感が大きく，不公平感がある」「各種汚水処理サービスの経費や環境負荷を比較できる情報が不足」「浄化槽の特長が知られておらず普及啓発が不十分」といった事項だ。

問題解決に向けて検討するべき課題としては，▽単独処理浄化槽から合併処理浄化槽への転換を段階的に義務化する時期にきている，▽『浄化槽法』第 3 条の 2 第 1 項のただし書き（下水道予定処理区域内に限り，引き続き汲み取り便槽や単独処理浄化槽の設置※を容認する規定）が転換の妨げになっている，▽単独処理浄化槽のままであれば環境負荷が大きいので環境税が高くなるといった公平な税負担の検討，▽小規模事業場排水に対する『水質汚濁防止法』上の取り扱いなど関係法令と整合した制度設計，▽バリアフリー・リフォーム等と浄化槽改善を組み合わせた助成制度の設計，▽維持管理費用への補助金等の公的支援が必要――等々，懇談会で提起された議論を列挙している。

そのうえで，特に喫緊に検討するべき基盤的・横断的取り組みとして，「浄化槽普及戦略」を掲げた。その内容は，合併処理浄化槽を有する住宅の資産価値が上がるようにイメージアップの広報を行うとともに，不公平感が解消されるように規制と誘導を見直し，縦割りを排して環境・建設部局連携のもと単独処理浄化槽対策を進め，資金調達の多様化，民間活力の導入，リフォーム産業との連携，地域づくりとのコラボを図る――というものだ。

これを受けて環境省は，戦略の具体策を詰めるべく，2016 年 9 月に「浄化槽普及戦略検討会」を設置。2017 年度中に改定作業を行い次期廃棄物処理施設整備計画に反映させることとしている。

※現状で単独処理浄化槽の新規製造はされていないため，用途変更や増改築後の継続使用が中心。

なお，合併処理浄化槽の技術改良は，その後もメーカー各社で進められ，よりコンパクトな設計にしたもの，富栄養化対策として有効な「脱窒・リン除去機能」を備えた高度処理仕様のものなど，ニーズに対応した多様化が図られている。

2014 年度に新たに設置された合併処理浄化槽 12 万 1343 基のうち，高度処理型のものは約 8 割（9 万 4450 基：77.8%）を占めていた（**図 3-1-3- 下**）[9)]。現存する合併処理浄化槽 341 万 8301 基のなかでは，高度処理型は 2 割（70 万 7186 基：20.7%）という水準である（**図 3-1-3- 上**）。

9）内訳は，高度処理型計 9 万 4450 基のうち，放流水質において「全窒素濃度 20 mg/l 以下または全リン濃度 1 mg/l 以下」の処理性能をもつ「N 又は P 除去型」が 9 万 3688 基でほとんどを占めており，全窒素濃度 20 mg/l 以下および全リン濃度 1 mg/l 以下の「N 及び P 除去型」は 464 基，BOD 濃度 5 mg/l 以下の「BOD 除去型」は 298 基と，ごくわずかにとどまっている。なお，N は窒素，P はリン，BOD は生物化学的酸素要求量のこと。BOD（Biochemical Oxygen Demand）の詳細は脚注 10（111 頁）を参照のこと。

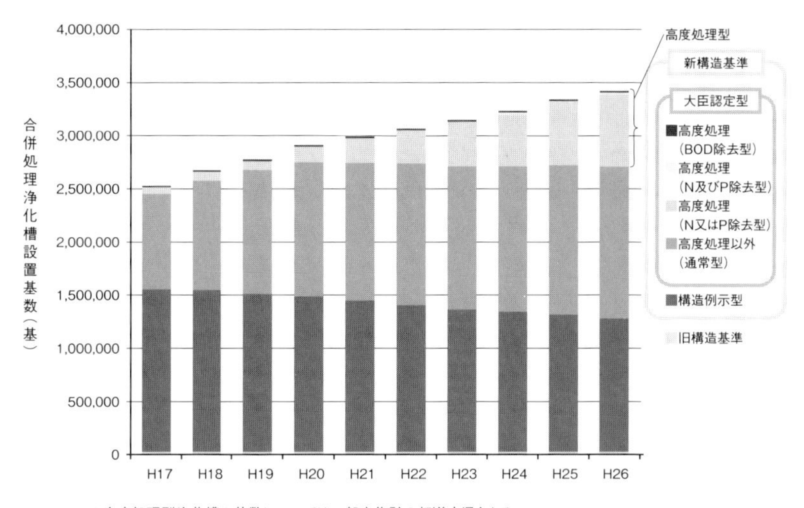

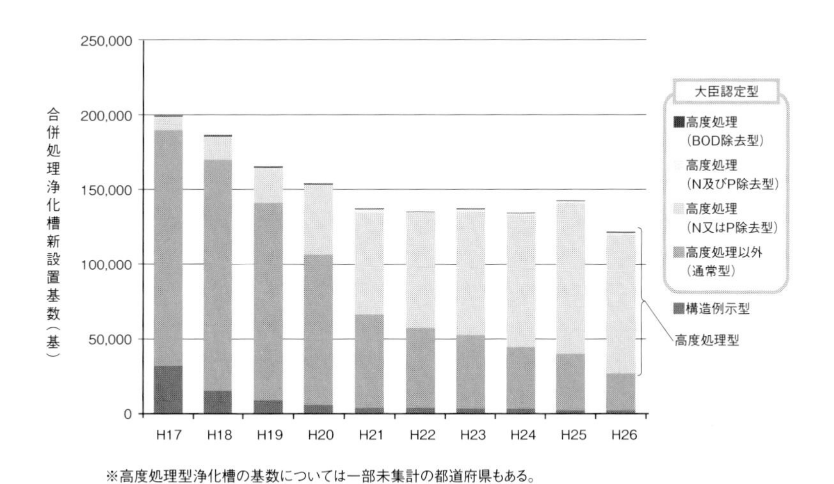

図 3-1-3　合併処理浄化槽の設置基数（上）および新設基数（下）の推移

〔資料：環境省（2016）「平成 26 年度末における浄化槽の設置状況等について」平成 28 年 1 月 29 日〕

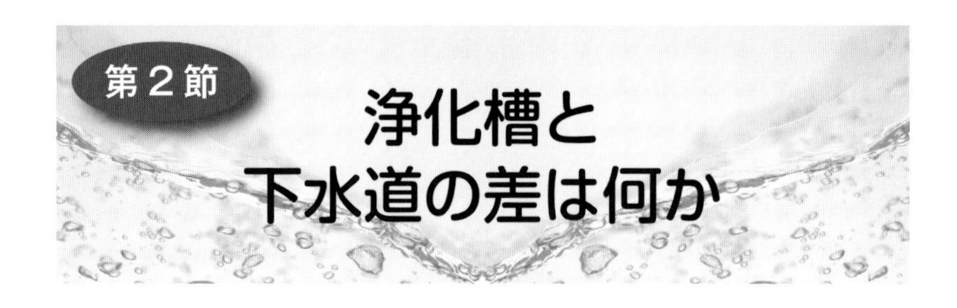

第2節 浄化槽と下水道の差は何か

浄化槽も下水道もメカニズムは同じ

浄化槽も下水道も，汚水を浄化処理する仕組みそのものは，基本的には同じである。いずれも固形物を除去し，微生物の働きにより汚水中の有機物を分解し，汚泥（沈殿物）と上澄み水に分離し，上澄み水を消毒して放流する，というプロセスで汚水を浄化する。

合併処理浄化槽の処理フローは**図 3-2-1** に示す通り。①「嫌気ろ床槽」で，浮遊物・固形物を分離しつつ，嫌気性微生物（酸素のないところで働

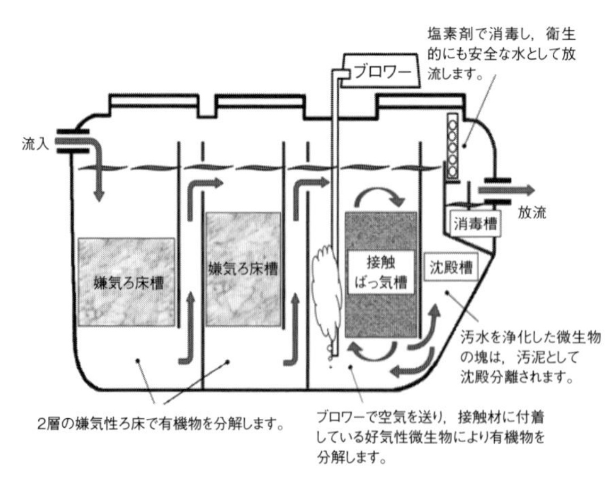

図 3-2-1　合併処理浄化槽の構造（通常型：嫌気ろ床接触ばっ気方式）
〔資料：相模湖水質管理センターホームページ「浄化槽の仕組み」. http://www.sagamiko-suishitsu.jp/shikumi.html（最終閲覧日　2016 年 11 月 1 日）〕

く微生物）によって有機物を分解する，②「接触ばっ気槽」で，送風器（ブロワー）から槽の底部に細かい気泡状の空気を送り込み，接触材の表面に付着した好気性微生物（酸素を必要とする微生物）の膜により，有機質を分解する，③「沈殿槽」で，微生物の固まりを沈降させ，上澄み液と分離させる，④「消毒槽」で，上澄み液を消毒したうえで放流する——というプロセスをたどる。

近年，高性能な「高度処理型」浄化槽が普及してきているが（**図3-1-3**，104～105頁参照），基本は従前からのタイプ（通常型）と同じで，これに鉄電極を用いた「リン除去技術」，硝化液循環による「脱窒技術」，膜を使って不純物を除去する「膜分離技術」などを組み込んだものとなっている（**図3-2-2**，**図3-2-3**）。

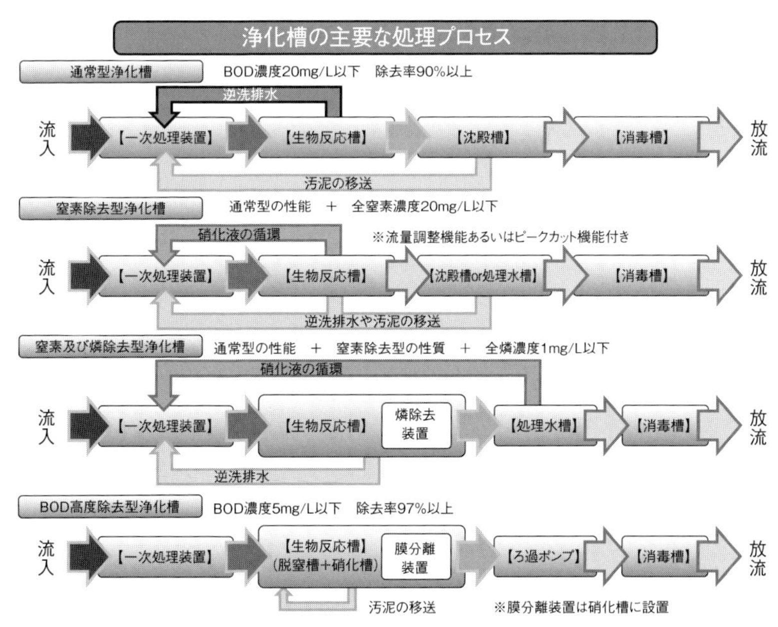

図3-2-2　高度処理型浄化槽の処理プロセス

〔資料：環境省浄化槽推進室（2014）「資料3　浄化槽施設整備について」平成26年12月〕

一方，下水道最終処理場のフローは**図 3-2-4** に示す通り。①「沈砂池」で，大きなごみや砂を取り除く，②「最初沈殿池」で，比較的沈みやすい

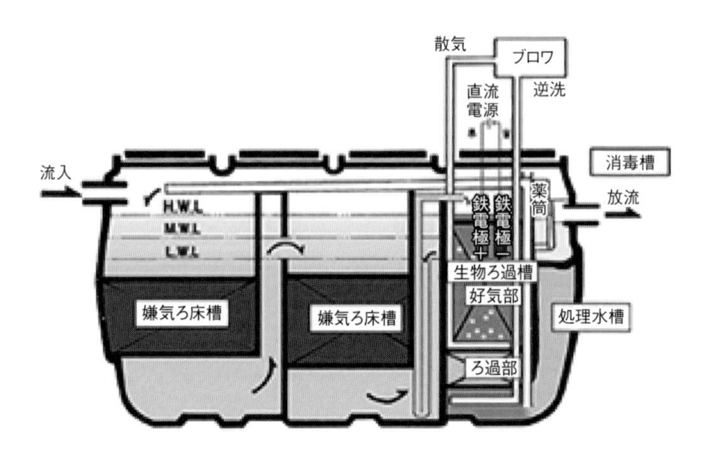

図 3-2-3　高度処理型浄化槽（窒素およびリン除去型）
〔資料：相模湖水質管理センターホームページ「浄化槽の仕組み」．http://www.sagamiko-suishitsu.jp/shikumi.html（最終閲覧日　2016 年 11 月 1 日）〕

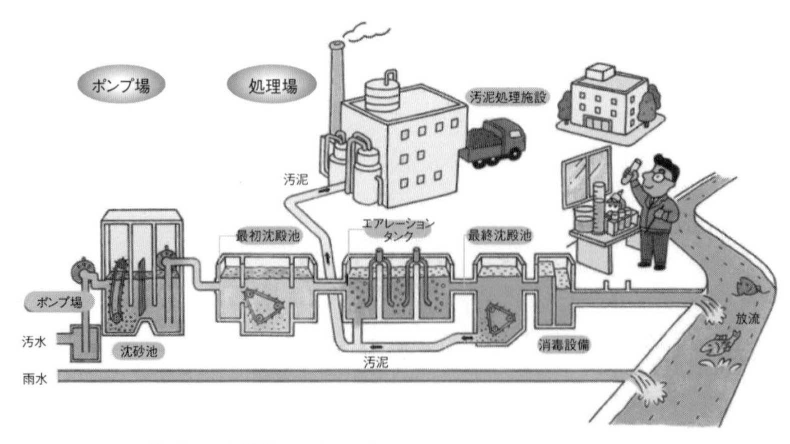

図 3-2-4　下水道の最終処理場の流れ
〔資料：国土交通省ホームページ「終末処理場のしくみ」．http://www.mlit.go.jp/crd/sewerage/shikumi/shumatsuhtml.html（最終閲覧日　2016 年 11 月 1 日）〕

浮遊物を沈殿させる，③「エアレーションタンク」で，多量の微生物の入った泥（活性汚泥）を混ぜ，空気を送り込んで微生物に有機物を分解させる，④「最終沈殿池」で，微生物の固まりを沈殿させる，⑤「消毒施設」で，上澄み液を消毒して放流する――というプロセスである。④で沈殿した微生物の固まりは活性汚泥として③に一部戻し，残りを汚泥処理施設で脱水・焼却して処分またはリサイクルされる。

上記は最も普及している「標準活性汚泥法」という方式だが，このほか，最初沈殿池を設けず，エアレーションタンクを周回水路のような形状にして，下水を機械撹拌で循環させながら酸素を与えて有機物を分解処理する「オキシデーションディッチ法」，最初沈殿池から最終沈殿池までを一つの反応槽にまとめて汚水投入→ばっ気→静置（沈殿）→上澄み水（処理水）を排出のサイクルを繰り返す「回分式活性汚泥法」などがある（**図3-2-5**）。

リン除去・脱窒性能を上げた「高度処理」を行う処理場もある（**図3-2-6**）。

それでは，放流水の水質基準について，下水道と浄化槽で違いがあるのだろうか。

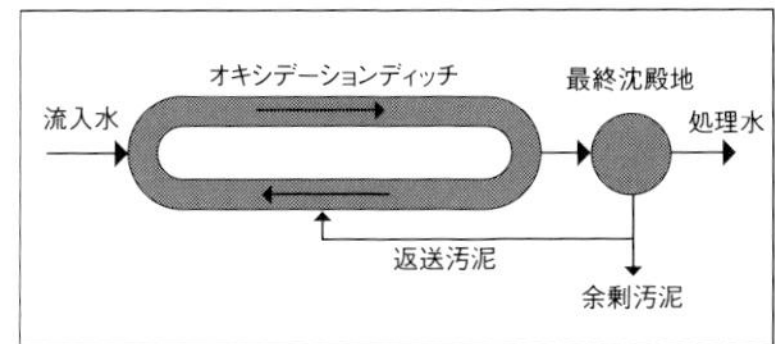

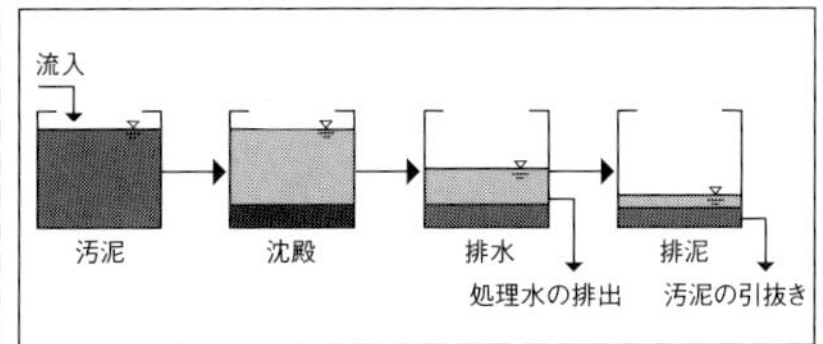

図3-2-5　オキシデーションディッチ法（左）と回分式活性汚泥法（右）

〔資料：山梨県県土整備部下水道課（2012）「山梨県の下水道」平成24年3月. http://www.gk-p.jp/gkp2/data/statlocal/img-150003.pdf（最終閲覧日　2016年11月1日）〕

標準法

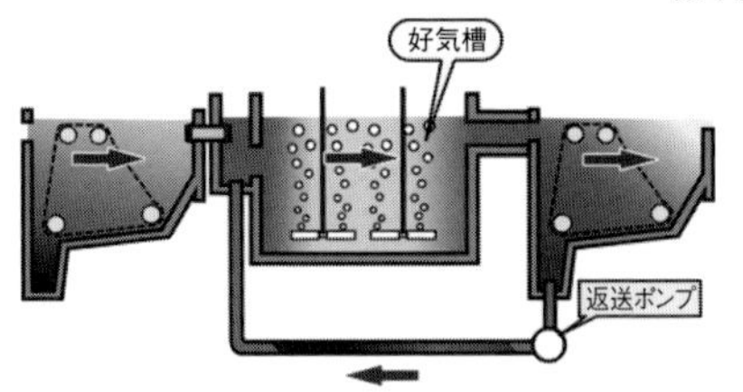

従来の標準法では，反応タンクは分割されず，曝気（汚泥中に空気を送り込むこと）により全体に酸素が供給されると同時に活性汚泥が撹拌されます。

嫌気・好気法（AO 法）

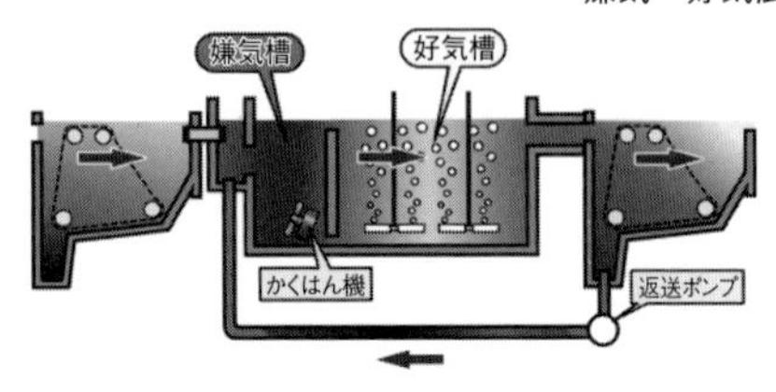

AO 法は，リン除去を目的とした方式で，反応タンクは嫌気槽と好気槽の 2 つに分かれます。嫌気槽には活性汚泥を混ぜるための撹拌機が設置されています。

嫌気・無酸素・好気法（A2O 法）

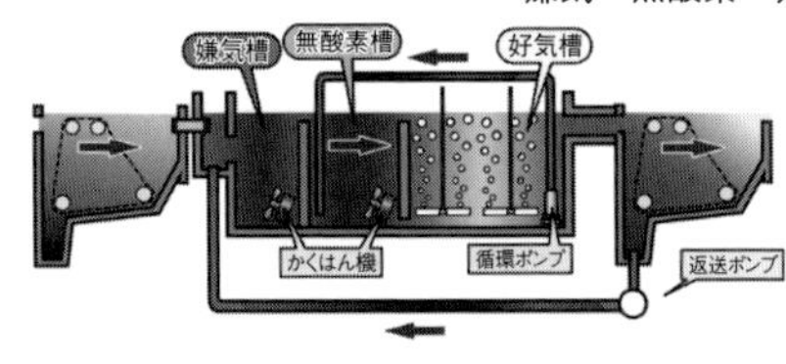

A2O 法は，窒素とリンの同時除去を目的とした方式で，反応タンクは嫌気槽・無酸素槽・好気槽の 3 つに分かれます。無酸素槽には撹拌機が設置されているほか，循環ポンプにより好気槽から循環水が送られてきます。

嫌気・硝化内生脱窒法（AOAO 法）

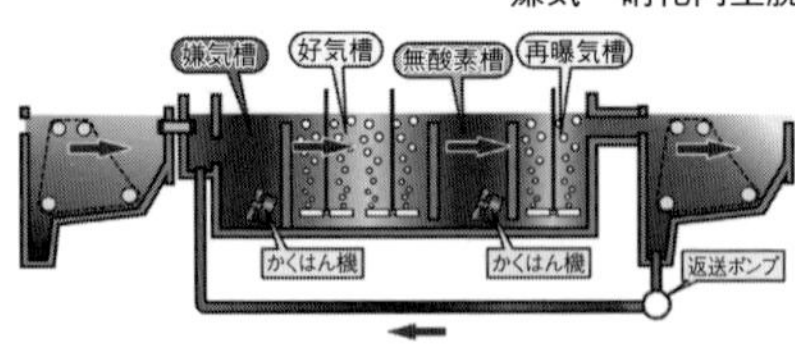

AOAO 法は，窒素とリンの同時除去を目的とした方式で，反応タンクは嫌気槽・好気槽・無酸素槽・再曝気槽（好気槽）の 4 つに分かれています。循環ポンプはなく，無酸素槽の前後に好気槽を置く点が A2O 法と違っています。

嫌気槽	無酸素槽	好気槽
嫌気槽は空気を送らず酸素も硝酸もない状態です。普通の細菌の活動は鈍くなります。リン蓄積細菌はリンを放出します。	無酸素槽は曝気をせず，好気槽末端から好気槽で生じた硝酸が流入します。普通の細菌の活動は鈍くなります。脱窒菌は無酸素状態で硝酸を窒素ガスに還元します。	好気槽は槽全体が曝気され酸素が多くある状態です。硝化菌はアンモニアを硝酸へ酸化します。また高度処理の好気槽ではリン摂取反応が行われます。

図 3-2-6　下水道最終処理場における高度処理方式の例

〔資料：横浜市環境創造局ホームページ「下水処理のしくみ：高度処理方式」. http://www.city.yokohama.lg.jp/kankyo/gesui/syori/koudo/houshiki/（最終閲覧日　2016 年 11 月 1 日）〕

合併処理浄化槽では，法定の水質基準が「BOD 濃度[10)]= 20 mg/l 以下（除去率 90%）」となっている。水質基準遵守に関する直接的な義務はないものの，検査受検，保守点検，清掃等の義務がある（検査は年 1 回実施が義務）。

一方，公共下水道では，下水道管理者が放流先水域の水質・水量を勘案して，BOD 濃度，窒素含有量（T−N）[11)]，リン含有量（T−P）[12)] に関する基準を自ら定めることとなっている。このうち，BOD 濃度は 15 mg/l 以下に定めなければならないものとされている（窒素含有量，リン含有量は必要に応じて定めるものとされている）。月 2 回の検査が義務づけられており，『下水道法』で遵守義務が規定されている。

以上について，詳細情報も含めて**表 3-2-1** に整理してみた。ちなみに，浄化槽に対する先入観の下地となっている単独処理浄化槽の性能は，「BOD90 mg/l 以下」という水準である。合併処理浄化槽と下水道とでは，差はほとんどないといえる。

---

10)「BOD（生物化学的酸素要求量）とは，水質汚濁を示す代表的な指標で，溶存酸素（DO）の存在する状態で水中の微生物が増殖呼吸作用によって消費する酸素をいい，通常 20℃，5 日間で消費された DO で表す。有機物量のおおよその目安として使われ，水の有機物汚染が進むほどその値は大きくなる。自然現象を利用した測定であり，自然浄化能力の推定や生物処理の可能性等に役立つ。しかし，化学工場排水や一部の合成有機化合物は測定対象に含まれない。魚類に対しては，渓流等の清水域に生息するイワナやヤマメなどは 2 mg/l 以下，サケ，アユなどは 3 mg/l 以下，比較的汚濁に強いコイ，フナなどでは 5 mg/l 以下が必要とされている。対象は，河川。基準値は，類型により異なり，1～10 mg/l 以下と定められている。」〔国土交通省東北地方整備局河川部ホームページ「水質調査項目の説明」より，http://www.thr.mlit.go.jp/kasen/plaza/jiko/suisitu_top/suisitu/Yougo/yougo.htm（最終閲覧日 2016 年 10 月 1 日）〕

11) T−N（Total Nitrogen）；無機態窒素と有機態窒素の合計量。湖沼や内湾などの閉鎖性水域の，富栄養化の指標。

12) T−P（Total Phosphorus）；無機態リンと有機態リンの合計量。湖沼や内湾などの閉鎖性水域の，富栄養化の指標。

表 3-2-1　放流水の水質に関する基準（下水道と浄化槽）

	公共下水道		浄化槽		【参考】水質汚濁防止法の排水基準
	下水道施行令の最も緩い計画放流水質区分	下水道施行令の最も厳しい計画放流水質区分	通常型	高度処理型［窒素およびリン除去型の場合］	
BOD（生物化学的酸素要求量）	15 mg/l 以下	10 mg/l 以下	20 mg/l 以下および除去率 90％以上		120 mg/l 以下
T-N（全窒素）	—	10 mg/l 以下	—	（20 mg/l 以下）	60 mg/l 以下
T-P（全リン）	—	0.5 mg/l 以下	—	（1 mg/l 以下）	8 mg/l 以下
pH	5.8〜8.6		5.8〜8.6		5.8〜8.6
SS（浮遊物質）※1	40 mg/l 以下		—		150 mg/l 以下
大腸菌群数（個 /cm^3）	3,000 個 /cm^3 以下		（3,000 個 /cm^3 以下）		3,000 個 /cm^3 以下
備　考	・BOD，T-N，T-P については，放流先水域の水質・水量を勘案して下水道管理者が自ら「計画放流水質」として定める。T-N，T-P は必要に応じて定めるものとされているが，BOD は必須項目で，15 mg/l が上限値。下水道施行令で，BOD，T-N，T-P の掛け合わせで 14 通りのパターンが規定され，それぞれに対応する施設の構造・処理方法が指定されている。そのうち，最も緩い区分と最も厳しい区分の基準を上に掲げた。 ・いずれも月 2 回の検査が義務づけられている。		・高度処理型の T-N，T-P の数値は，高度処理型浄化槽設置整備事業の補助要件として「機能を有するものであること」と定められている基準。 ・pH の数値は，浄化槽対策室長通知において「水質検査結果の望ましい範囲」と示されている目安。 ・大腸菌群数の数値は，建築基準法施行令において「性能を有するものであること」と定められている基準。 ・上記のうち法定検査（年 1 回）の対象となっているのは BOD および pH。		

根拠規程	下水道法第8条および同施行令第6条により規定[※2]	▽pH：平成7年6月20日付衛浄第34号厚生省浄化槽対策室長通知[※3] ▽BOD：浄化槽法第4条および同法施行規則第1条の2により規定[※2] ▽高度処理型のT-NおよびT-P：平成18年4月21日付環廃対発第060421004号環境省浄化槽推進室長通知[※4] ▽大腸菌群数：建築基準法施行令第32条第1項第2号	水質汚濁防止法第3条による排水基準を定める環境省令により規定[※2]（日間平均値）
遵守義務	遵守義務あり	直接的な遵守義務はないものの，検査受検，保守点検，清掃等の義務がある。	水質汚濁防止法に規定される特定施設および指定特定施設が対象[※5]

※1　SS（Suspended Solids）；水中に懸濁している直径2mm以下の不溶解性の粒子物質。水の濁りの原因となる。

※2　ただし，条例等によりさらに厳しい排水基準が定められている場合には，その排水基準を適用。

※3　平成7年6月20日付衛浄第34号厚生省浄化槽対策室長通知「浄化槽法第7条及び第11条に基づく浄化槽の水質に関する検査内容及び方法，検査表，検査結果の判定等について」中の別記「水質検査の各検査項目の望ましい範囲」

※4　平成18年4月21日付環廃対発第060421004号環境省大臣官房廃棄物・リサイクル対策部廃棄物対策課浄化槽推進室長通知「浄化槽設置整備事業実施要綱の取扱いについて」

※5　排水基準の規制対象施設は，①水質汚濁防止法に規定される特定施設（下水道終末処理場，処理対象人員が501人以上のし尿浄化槽等），②水質汚濁防止法に規定される指定特定施設（東京湾・伊勢湾など特段の汚濁防止措置が必要な指定地域に設置する処理対象人員201人～500人の中型浄化槽）。

〔資料：国土交通省・環境省，および関連法規をもとに作成〕

—今も残る単独処理浄化槽，３タイプ

旧式の浄化槽＝単独処理浄化槽はかつて，田舎でもトイレを水洗化できる“切り札”的存在だった。しかし，し尿だけを扱う仕様であったため，台所排水や洗濯排水など生活雑排水は未処理のまま「垂れ流し」されることとなり，川や湖や海を汚濁させる原因ともなった。1980年代後半の小型合併処理浄化槽が登場してからは，転換を促す政策誘導が図られるとともに，2000年に『浄化槽法』が改正され，単独処理浄化槽の新規設置が全面的に禁止される。しかし，すでに設置されているものについては，経過措置としてそのまま使用してもよいこととされた。今日もその「混在状態」は続いており，全国765万基ある浄化槽のうち，単独処理浄化槽は423万基。漸減してきているとはいえ，いまだに全体の55%を占めている（その分，生活雑排水の未処理放流が継続しているということでもある）。

今も残っている単独処理浄化槽は，主として次の３タイプである（**図3-2-7**）。

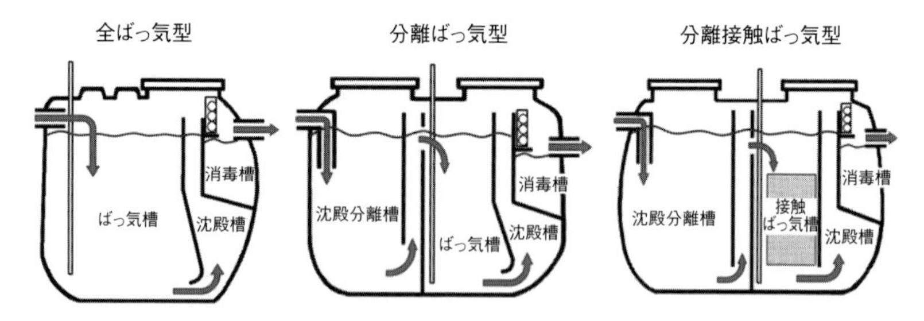

図3-2-7　単独処理浄化槽の構造

〔資料：相模湖水質管理センターホームページ「浄化槽の種類」. http://www.sagamiko-suishitsu.jp/shurui.html〕

①全ばっ気型

昭和56年以前に市販されていた古い規格の浄化槽。沈殿分離槽がなく，槽内に流入した汚水はそのままばっ気槽で空気を送って撹拌し，微生物の働きを活発にさせて有機物を分解させる。安定した処理水質の維持，使用ピーク時の対応が難しいとされる。

②分離ばっ気型

沈殿分離槽が設置されていて，ここで流入汚水中の浮遊物・固形物を分離する。次にばっ気槽で空気を送って撹拌し，微生物の働きを活発にさせて，有機物を分解させる。

③分離接触ばっ気型

分離ばっ気型を改良して，ばっ気室に接触材を設けたもの。①②に比べて浄化処理機能が高く，広く普及した。

これら単独処理浄化槽の性能は「BOD90 mg/l 以下，BOD 除去率 65%以上」(『建築基準法施行令』第 32 条「汚物処理性能に関する技術的基準」)。合併処理浄化槽の「BOD20 mg/l 以下，BOD 除去率 90%以上」と比べて，し尿の処理に関しても不十分であることは否めない。垂れ流しにされる生活雑排水と合わせると，河川など公共用水域に対して合併処理浄化槽の 8 倍もの汚濁負荷を与えていることになる（**図 3-2-8**）。

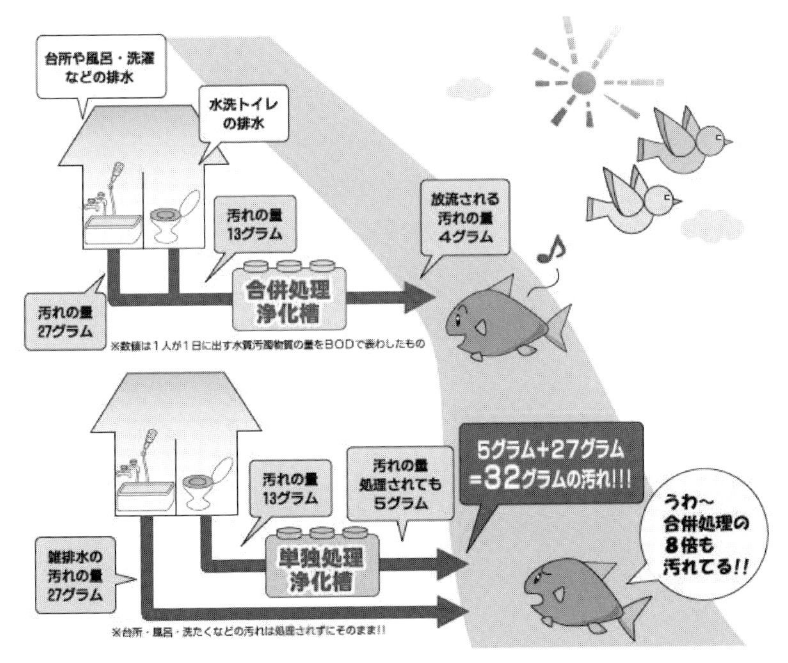

図 3-2-8　単独処理浄化槽と合併処理浄化槽の違い

〔資料：岐阜県ホームページ「合併処理浄化槽に切り替えましょう」. http://www.pref.gifu.lg.jp/kurashi/gomi/haikibutsu/11225/gappei.html（最終閲覧日　2016 年 11 月 1 日）〕

強いていえば，「オンサイト/オフサイト」の違い

浄化槽と下水道の間の違いは，強いていえば，汚水の発生現場で浄化処理を行うか（オンサイト），発生現場とは別の最終処理場で浄化処理を行うか（オフサイト），という点である。

オフサイト処理の場合，衛生・環境保持のために，汚水は公共空間に露出させないように，かつ，土壌や河川に漏れ出すことのない状態で，発生現場から最終処理場まで運ばれなくてはならない。具体的には，地中に設置した密閉状態の管路（「暗渠」という）のなかを流すことになる[13]。オフサイト処理では，こうした管路を整備し，その後も半永久に維持し続ける必要がある。

一方，オンサイト処理の浄化槽は，基本的に建物単位で浄化処理が行われるため，放流される段階ですでに「汚水」ではなくなっている。オフサイト処理のように，日常生活から隔離された地中深くに放流用水路を確保する必要はない。道路脇の雨水用の側溝（「開渠」という）に流せば足りるので，高コストの暗渠の建設・維持管理費は不要だ。他方，建物単位で浄化槽を設置し，維持する必要がある（**図 3-2-9**）。

オンサイト処理の浄化槽は，汚水を浄化する点において「自己完結型」のインフラである[14]。建物を建てるとき個別に設置し，日々の維持管理（点検や清掃）も個別に行い，建物を壊すときや人が居住等しなくなったとき個別に撤去する。費用は，それぞれ個別に建物所有者が対価を支払う。

一方，オフサイト処理の下水道は，広域単位で汚水発生源と最終処理場をパイプでつなぐ「ネットワーク型インフラ」であり，つながっていて初

---

13) 一部，地上に露出した配管に汚水を流す「クイック下水道」という方式もある。

14) 汚泥を定期的にバキュームカーで抜き取って，汚泥処理施設へ運んで処分する必要がある。その点において，浄化槽はすべて自己完結というわけではない。一方，下水道はその多くが終末処理場において汚泥処理施設を有しており，一連の流れで汚泥処理まで行っている。

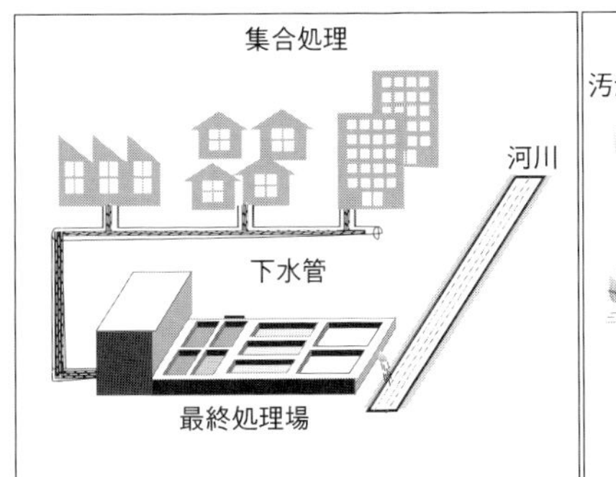

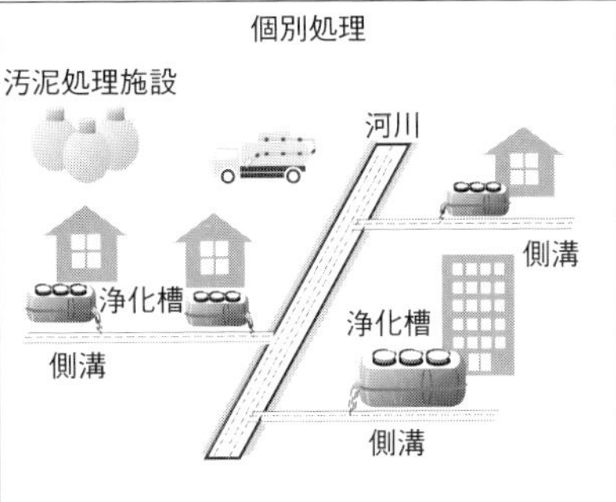

家庭や店舗や事業所から発生する汚水を，地中に敷設した管路で最終処理場まで集め，一括して浄水処理を行うもの。人口の密集した都市部では，こちらのほうが経済的とされる。	家庭や店舗や事業所から発生する汚水を，発生現場において建物ごとに個別に浄化処理するもの。健全な水循環を確保するうえでは，こちらのほうが適している。

図 3-2-9　生活排水処理インフラ―「集合処理」と「個別処理」（再掲）
〔資料：環境省および国土交通省をもとに作成〕

めて汚水処理機能が発揮される。ネットワークの維持が不可欠であり，仮に管路につながった住宅がことごとく空き家になっても，その区画に1軒でも居住者の暮らす建物がある限り，その1軒のためにネットワークを維持し続けなければいけない。こうしたインフラは，ネットワークに連なる人口が増えていく局面では経済効率が高まり，1人当たりコストが下げられるのだが，人口減少局面ではその真逆に作用する。すなわち，少ない人数でオーバースペックとなったインフラを維持し続けなければならなくなるのだ（**図 3-2-10**）。

その点，1戸1戸建物に設置する自己完結型の浄化槽は，人口増減の影響を受けることはない。

雨水排除機能は「下水道ファースト」の理由にはならない

もう1点，下水道と浄化槽の違いとして指摘されるのが，「雨水排除機能」の有無である。この機能があることで，下水道は都市に欠くべからざ

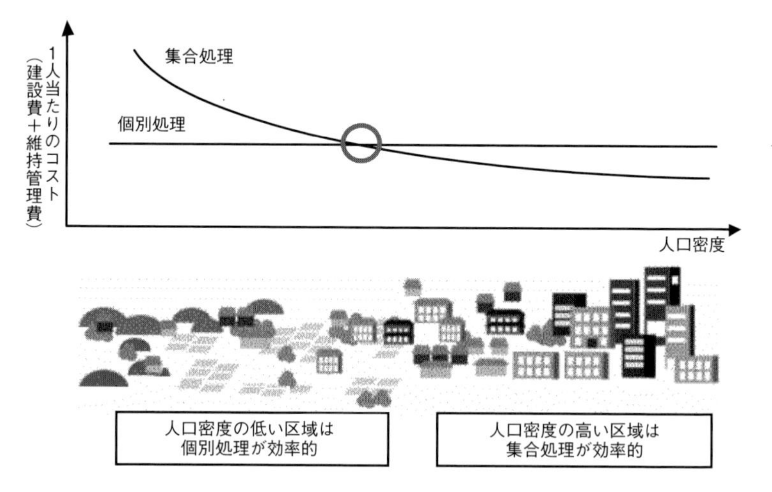

図 3-2-10　集合処理と個別処理の区分けの考え方（再掲）
〔資料：環境省（2009）「平成 21 年版環境白書」〕

るインフラであると位置づけられている。

根拠は『都市計画法』。第 13 条の第 1 項第 11 号に「市街化区域及び区域区分が定められていない都市計画区域については，少なくとも道路，公園及び下水道を定めるもの」とある。このことから，「都市計画には下水道を盛り込むべきである」→「市街地では下水道が必須施設」という解釈が，一般的にとられてきている。

たしかに下水道には，汚水を最終処理場へと運んで浄化する機能以外に，降雨で街が水浸しとならないように雨水を排除する機能がある。都市機能の障害や疫病の発生を防ぐうえで雨水排除は欠かせない機能であり，近年ではゲリラ豪雨の多発に伴い，さらなる機能強化の必要性が指摘されているところである。この雨水排除機能は，浄化槽にはない。

だが，人口規模の小さい地域の下水道では「分流式」を採用しながら，雨水管をもたず汚水管だけを整備している市町村も，少なからず存在する。雨水管の整備は建物の戸数，過去の浸水の頻度あるいは程度などを勘案して対応が決められることとなっており，必ずしも「下水道＝雨水排除機能あり」という図式は当てはまらない。

また,「雨水排除のために下水道が不可欠」というわけでもない。下水道以外にも，道路脇の側溝のように，雨水排除のインフラは存在するからだ。専ら雨水排除を目的とする専用の下水道＝「都市下水路」もある。整理すると，**表 3-2-2** のようになる。

雨水排除機能は，雨水を集めて速やかに河川や海に放流するものである。道路脇の側溝や，都市下水路，下水道（分流式下水道の雨水管および合流式下水道）がこの機能を担っている。合流式下水道については雨水も汚水も同一の管路で集水するので，最終処理場でそのまま雨水も汚水も浄化処理しているが，それ以外は集めた雨水をそのまま河川や川に放流する。財源は公費によって賄われている（表でいえば上段)。側溝や都市下水路は 100％公費財源で整備・維持管理され，下水道の資本費および維持

表 3-2-2　生活排水処理インフラの汚水処理機能と雨水排除機能の概念整理

		汚水処理機能	
		あり [財源＝私費（使用料 or 実費)]	なし
雨水排除機能	あり （財源＝公費）	●下水道 （都市下水路を除く） 汚水処理　雨水排除	●都市下水路※ （下水道の一種） ●側溝（開渠） 雨水排除
	なし	●合併処理浄化槽 ●汚水管のみの分流式下水道 汚水処理	

※「都市下水路」は，主として市街地（公共下水道の排水区域外）において，専ら雨水排除を目的とするもので，終末処理場を有しないものをいう。

〔筆者作成〕

管理費も，雨水排除機能分については公費繰入で賄われている。降雨は自然現象であり，それによって町が水浸しになって被害が生じても，責任を帰するべき「原因者」は存在せず，かつ，雨水の速やかな排除による浸水被害軽減や生活環境保持の便益は，その区画のみならず広く市民全体に及ぶ。ゆえに，公費を財源とすることが合理的とされてきた。

一方，汚水処理機能は，家庭や事業場や公共施設の汚水を浄化処理したうえで公共用水域[15)]に放流するものである。下水道または浄化槽がこの機能を担っている。財源は，使用料や個人の実費払いによる（表の左列）。汚水は，雨水とは違って発生源が各家屋，事業場，店舗等々というように自明であり，かつ，市民は一人ひとり水質汚濁や衛生状態の悪化を招くことのないように汚水を適正に処理する責務がある（第3節の❶参照）。ゆえに，個々に「使っただけ」費用負担することが理にかなっている（ただし，それにもかかわらず，実際には下水道事業の汚水処理部分に相当額の公費が繰り入れられていることは，第2章までに詳述した通りである）。

以上のように，雨水排除機能と汚水処理機能は，費用負担方法も便益もまったく異なる（**表3-2-3**）。だから，下水道と浄化槽で公平・公正に経済性を比較検討するなら，シンプルに汚水処理機能同士で比べる必要がある。雨水対策に関しては，雨水浸透施設や雨水貯留施設の整備も含めて，一般財源で必要に応じてふさわしい手段を検討すればよい。

つまり，ニーズを満たす性能を有し，トータルコストでみて経済性に優れているなら，都市部においても「合併処理浄化槽＋側溝」「合併処理浄化槽＋都市下水路」という組み合わせはありえる。雨水排除機能と汚水処理機能の両方を兼ねる下水道だけが唯一無二の選択肢ではないのだ。ここを見誤ると，短絡的に「やっぱり多機能の下水道でなくちゃ」という“下水道ファースト”の結論へと流されてしまうので，注意が必要だ。

設置のためのスペースが足りないから合併処理浄化槽は都市部では無

15)『水質汚濁防止法』第2条によって定められる，公共利用のための水域や水路のことをいう。河川，湖沼，港湾，沿岸海域，公共溝渠，かんがい用水路，その他公共の用に供される水域や水路。ただし，終末処理場を設置している下水道は除く。

表 3-2-3　生活排水処理インフラの機能一覧

		・都市下水路 ・側溝	合流式下水道雨水系	分流式下水道		合併処理浄化槽	単独処理浄化槽
				雨水系	汚水系		
汚水処理	し　尿	—	○	—	○	○	△
	生活雑排水	—	○	—	○	○	—
雨水排除		○	○	○	—	—	—

〔筆者作成〕

理，という見方もあるかもしれないが，そこは工夫次第。例えば，区画整理でビルを集約して公園をつくる計画があるなら，公園の下に巨大な浄化槽をつくることも可能である[16)]。そこで処理された水は園内の樹木用にまくなどの形で再利用できる。地域での水循環に資することになる。

話を『都市計画法』に戻そう。たしかに，かつて浄化槽といえば，し尿のみを処理する「単独処理浄化槽」のことであり，その時分は性能も低く生活雑排水は垂れ流しで，汚水処理機能を有するインフラとは到底いえなかった。しかし，その後の技術進歩により，今日の合併処理浄化槽はすでに下水道に伍する処理能力を有している。こうした状況変化を踏まえれば，合併処理浄化槽が都市計画から排除されているとの解釈は困難である。

16)『都市公園法』は，第 6 条第 1 項で「公園施設以外の工作物その他の物件又は施設を設けて都市公園を占用しようとするときは，公園管理者の許可を受けなければならない」としたうえで，第 7 条で設置してもよいとする施設をリストアップして，「都市公園の占用が公衆のその利用に著しい支障を及ぼさず，かつ，必要やむを得ないと認められるものであつて，政令で定める技術的基準に適合する場合」は，公園管理者は許可を与えることができるとしている。設置してもよいとするリストのなかに，「水道管，下水道管，ガス管その他のこれらに類するもの」という項目があり（同条第 2 号），その内容について『都市公園法施行規則』第 6 条で「下水道法に規定する処理施設及びポンプ施設」を記している。したがって，浄化槽もこのなかに含まれるものと解される。

汚水をその場で処理するか，終末処理場に集めてから処理するかを決めるのは経済性の評価であって，法規ではない[17]。

17）この際，『都市計画法』第13条を改めるか，少なくとも新たな解釈通知を発出するなどして，合併処理浄化槽が都市機能を果たす設備の一つであることを明確化するべきであろう。

第3節 「浄化槽の劣る点」を検証する

今後，インフラの新設や更新に直面する市町村にあっては，どの方法が合理的であるかを比較考量する必要に迫られよう。前節に述べた通り，浄化槽と下水道の仕組みは同じであり，その差は「オンサイト」か「オフサイト」かという点にある。大事なことは，未処理の汚水を公共用水域に流さない仕組みを一刻も早く完結させること。そして，その仕組みにインフラとしての持続可能性があることである。その視点から，本節では，既存の「優劣論」を今日の技術水準に照らして検証し，同時に解決するべき課題をあぶり出したい。

❶合併処理浄化槽は個人の経済力，環境保全に対する関心度などに左右され，足並みがそろわない

私たちは，公共用水域の水が清浄であることで便益を受けている。それは後代にも連なる便益である。汚水を未処理のまま公共用水域に垂れ流せば，この社会全体の便益を損なうことになる。ゆえに，市民は一人ひとり適正に汚水を処理する責務を負っている。

責務の果たし方は人によって異なる。①下水道処理区域に住んでいる人は使用料を払って下水道に接続し，そこに汚水を流す（流した汚水は最終処理場で処理されたうえで河川等に放流される）。②下水道処理区域に住んでいない人は自ら合併処理浄化槽を設置し，維持管理して，汚水を浄化処理したうえで側溝や河川等に放流する。

①でも②でもない人は，し尿をバキュームカーで汲み取り処理しているか，単独処理浄化槽で処理している人たちだが，台所排水や洗濯排水などの生活雑排水については未処理のまま垂れ流ししている。すなわち，「適

正に汚水を処理する責務」を果たしていない。現在全国に1900万人ほどいると推定されるが，こうした人たちをゼロにすることが政策的に求められている（第4章第2節，167頁〜参照）。

さて，このように「適正に汚水を処理する責務」を果たしていない人は，大きく分けて，次の三つのタイプに分類できる。

（1）下水道処理区域に住んでいながら，下水道に接続していない人（屋内の配管工事等にかかる費用負担がいやで汲み取り便所や単独処理浄化槽を使い続けている人）

（2）いずれ下水道が整備される下水道計画的区域に住んでいて，それまでの間，汲み取り便所や単独処理浄化槽で「我慢している」人

（3）下水道処理区域以外の地域に住んでいて，合併処理浄化槽を設置していない人（浄化槽設置費用や屋内の配管工事等にかかる費用負担をよしとせず，汲み取り便所や単独処理浄化槽を使い続けている人）

これらすべてについて包括的に解決する必要があるのだが，それは第4章に記述を譲るとして，ここではタイトルに記した通りに準じて，(3)のケースを中心に整理したい。

当事者の「意思」がなければ進まないのは，浄化槽も下水道も同じ

「下水道処理区域以外の地域」ということは，九分九厘，人口のまばらな地域であると考えられる。加えて，今後急速に人口減少する地域でもあるだろう。下水道に予算と時間を費やす妥当性は低く，合併処理浄化槽で

整備したほうが早くて安い[18]。

だが，合併処理浄化槽は設置主体が個人であり，通常は家屋の新築や改築の際に“ついでに”設置する設備である。だから，いくら行政が「この区域は合併処理浄化槽でいこう」と決めても，当の住民自身が「合併処理浄化槽を設置しよう」（単独処理浄化槽を合併処理浄化槽に入れ替えよう）という意思をもたなければ話が始まらない。すなわち，いつまでたっても解決しないおそれがある。

だが，それは先に（1）として掲げた「あえて下水道に接続しない」人も同じ。当事者に「接続しよう」という意思がないから，膠着しているのだ。つまり，「下水道を整備してあげれば問題は解決する」ものではない。住民に「意思」がないなら，浄化槽と下水道のいずれを用いても，生活排水処理対策は貫徹しないということである。

責務が果たされるよう「実効性」のある規制を

繰り返しになるが，国民一人ひとりに汚水を適正に処理する責務がある。それは，直截的ではないながらも，法律にうたわれている。しかし，実効性が不十分だ。その点を改めていく必要があるのではないか。具体的には，『水質汚濁防止法』第14条の7だが，現行では次のようになって

18) 公共下水道の場合は，人口・面積などの規模にもよるが，小都市でも工事への着手から供用開始までに3〜5年を要するとされる。結果として，その間にも未処理放流が存置され，公共用水域が汚染されることになる。浄化槽は10日もあれば設置が完了する。また，費用については，例えば，公共下水道・農業集落排水・浄化槽を併存させている福島県三春町（人口約1万7000人）において，1戸当たりの建設費が公共下水道には約400万円，農業集落排水には約600万円かかったものの，浄化槽ではその6分の1の約70万円で済んだという例が報告されている〔遠藤誠作，増子伸一ほか「公営企業経営と浄化槽〜下水道における浄化槽の役割」浄化槽システム協会『浄化槽普及促進ハンドブック（平成27年度版）』，pp2–3〕。

いる[19]。

「生活排水を排出する者は，下水道法その他の法律の規定に基づき生活排水の処理に係る措置を採るべきこととされている場合を除き，公共用水域の水質に対する生活排水による汚濁の負荷の低減に資する設備の整備に努めなければならない。」

何をいっているのかというと，下水道の通っていない地域に住んでいる者に，合併処理浄化槽を設置するよう「努力義務」を課しているのである。下水道の通っている地域では下水道に接続しなければならない決まりになっている（『下水道法』第10条）。したがって，双方あわせて全国民の「汚水処理責任」が規定されていることになる。だが，合併処理浄化槽の設置はあくまで努力義務であって，「義務」ではない。当然，現時点では罰則もない。

今日，国民の9割が，合併処理浄化槽や下水道という手段を通じて，使った水を適正に処理してから公共用水域に戻している。残りの1割の人にも「汚水処理責任」を果たしてもらうには，強制力を伴う施策が必要である（詳細は第4章第2節に記載）。

19) 国民の「汚水処理責任」をうたっているとみられる法律は，ほかにもある。例えば，『水循環基本法』第3条第3項の「水の利用に当たっては，水循環に及ぼす影響が回避され又は最小となり，健全な水循環が維持されるよう配慮されなければならない。」という規定は，「汚水を垂れ流して健全な水循環を阻害することのないように」という戒めとも解せられる。

廃棄物処理法第16条の「何人も，みだりに廃棄物を捨ててはならない。」という廃棄物投棄禁止条項も，同法第2条に掲げられた廃棄物の定義＝「この法律において『廃棄物』とは，ごみ，粗大ごみ，燃え殻，汚泥，ふん尿，廃油，廃酸，廃アルカリ，動物の死体その他の汚物又は不要物であつて，固形状又は液状のもの（放射性物質及びこれによつて汚染された物を除く。）をいう。」と合わせれば，汚水の未処理放流禁止をも含んでいるものとの解釈が可能だ。ちなみに，「不法投棄禁止」に違反した場合，罰則は「5年以下の懲役若しくは1000万円以下の罰金」である（廃棄物処理法第25条）。

❷合併処理浄化槽の設置には，駐車スペース程度の敷地が必要であるが，その確保が難しい

たしかに，浄化槽は「設置スペース」が必須である。合併処理浄化槽は駐車場1台分と同等のスペースを要するため（**写真**），これを確保できない環境での設置は困難であるとされてきた。旧来の単独処理浄化槽と比べてみたとき，合併型はサイズが大きく，既設のスペースへの置き換えができないため，結果，転換が進まない原因にもなっていた。

しかし，近年では小容量タイプのコンパクトな浄化槽の開発が進んでおり，単独型程度のスペースで足りる製品も選べるようになった（**図3-3-1**）。また，2トンまでの荷重であれば支柱がなくても耐えうる「支柱レス」の浄化槽が開発され，支柱工事をせずとも駐車場の下に浄化槽を置くことができるようになっている。それでも設置が難しい地域であれば，例えば，複数家屋分をまとめて一つの浄化槽で処理する方便も考えられる。

写真　合併処理浄化槽のサイズ比較

〔資料：公益信託柴山大五郎記念合併処理浄化槽研究基金技術ワーキンググループ（2013）『浄化槽読本～変化する時代の生活排水処理の切り札～』〕

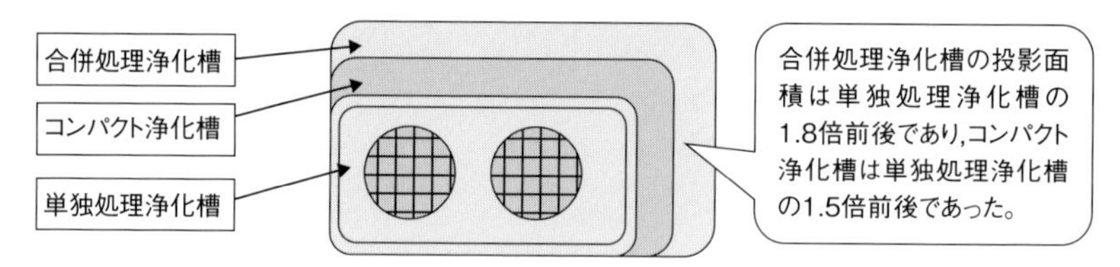

図 3-3-1　単独処理浄化槽と合併処理浄化槽，コンパクト浄化槽の比較イメージ

〔資料：浄化槽システム協会技術推進部会編「浄化槽の開発動向と歴史」. http://www.jsa02.or.jp/02seibi/pdf/handbook6.pdf〕

実際にコミュニティ・プラント[20]も，簡易排水施設[21]も，小規模集合排水処理施設[22]もそうやって処理している。

その延長線上でいえば，都市部の汚水処理を浄化槽で行うことも工夫次第で可能だ。例えば，区画整理でビルを集約して公園をつくる計画があるなら，公園の下に巨大な浄化槽をつくることができる（本章の脚注16を参照=121頁）。そこで処理された水は園内の樹木用にまくなどの形で再利用でき，地域での水循環に資することになる。

❸合併処理浄化槽処理水の放流先を確保することが難しい

合併処理浄化槽の処理水の放流先としては，①雨水処理のための側溝や都市下水路に流す，②建物敷地内に浸透枡を掘って地下浸透させたり，トレンチ管を使って庭などへ浸透させる（地下浸透方式），③地表面から自然蒸発させたり，芝生など植物から蒸散させる（蒸発散方式）――などの方法がある。一般に，都市部では側溝や河川への放流が多く，農村部では

20）下水道事業計画区域外の住宅団地等で下水を集めて処理する汚水処理施設。

21）中山間地域（『山村振興法』第7条に基づいて指定された振興山村等）の汚水を集めて処理する汚水処理施設。

22）小規模集落の下水を集めて処理する汚水処理施設。

地下浸透や蒸発散が中心となる（側溝など放流先がない場合に，地下浸透が認められる）。「側溝がない」ことで不都合が生じているのであれば，市町村において議会や住民意向を反映しつつ，必要に応じて雨水排除の予算として計上し，公道に開渠または暗渠の側溝を整備するべき話である。

一方，側溝への放流に関し，「水路管理者の許可を得ることが難しい」との指摘がある。特に農業用水路への放流に関しては，▽新規の排水は認めていないとして農業用水路管理団体から拒否された，▽放流の同意にあたり農業用水路管理団体から金品を請求された――などの体験談がネット上でも散見される。実際，自治体のなかには浄化槽設置にあたって，「放流予定の側溝に農業用水が流れている場合は，その管理者等に承諾を得て頂く必要があります」と要件を設けている例もある[23]。

しかし，こうした取り扱いは，厚生省が昭和 63 年発出の通知[24] において，約 30 年前から「浄化槽の設置等の届出の際に放流同意書の添付を義務付けることが違法であることはいうまでもない」と断じているところで

23）北海道ニセコ町ホームページ「浄化槽を設置する場合について」，http://www.town.niseko.lg.jp/kurashi/seikatsu/cat365/cat366/post_109.html（最終閲覧日　2016 年 10 月 1 日）.

24）昭和 63 年 10 月 27 日付衛浄 64 号厚生省生活衛生局水道環境部環境整備課浄化槽対策室長通知「いわゆる「放流同意問題」について」，http://www.env.go.jp/hourei/11/000028.html（最終閲覧日　2016 年 10 月 1 日）.
以下，前文のみ抜粋する。
「浄化槽行政の推進については，かねてより種々御配慮をいただいているところである。
　さて，浄化槽法第五条第一項の浄化槽の設置等の届出を受理するに際して，浄化槽放流水の放流先の農業用水管理者，水利権者，地域住民等からの放流同意書を添付させている例が見られるところである。
　浄化槽の設置等の届出の際に放流同意書の添付を義務付けることが違法であることはいうまでもないが，かつて単独処理浄化槽等に付いてトラブルが多く，放流同意を求めることがその対応としてとられたものと解される。しかし，浄化槽の性能も向上し，浄化槽法の施行後三年経過して法規制の体制も整備されるとともに，小型合併処理浄化槽の普及により浄化槽を取り巻く社会的状況が著しく変化した今日においては問題点も多いので，今後，浄化槽について正しく理解されるよう住民に対する啓発に努められるとともに，下記の点を踏まえ，浄化槽法の円滑な運用を図られたい。」

ある。同通知はさらに，慣習として民＝民で行われている同意手続きにも踏み込んで，「地域住民の慣習として『放流同意』が存在する場合には，浄化槽に対する正しい理解，知識の普及を図り，不合理な『放流同意』の解消に努められたい」と訓示している。

繰り返しになるが，大事なことは，未処理の汚水を公共用水域に流さない仕組みを一刻も早く完結させることである。合併処理浄化槽の放流水は，かつての単独処理浄化槽設置家屋からの放流水とは違う。新設浄化槽が合併型に限られるようになってから15年経過しているが，いまだに消えやらぬ誤解によって，合併処理浄化槽の新設に水を差されているのは問題である。この点でも，未処理放流ゼロのための包括的な法制度が必要であるといえよう。

❹合併処理浄化槽は個人管理のため，十分な管理が行われ難い。定期検査の実施率が低い

汚水処理施設における放流水の水質維持には「適正な維持管理」が不可欠である。浄化槽にあっては，その責任を負うのは設置者本人（建物所有者）だ。『浄化槽法』では設置者に対し，▽年3回以上の「保守点検」，▽年1回の「清掃」，▽年1回の「定期検査」の受検を義務づけている（**図3-3-2**）。保守点検や清掃の作業は通常，専門事業者が委託を受けて行うことになる。

定期検査（業界用語では，『浄化槽法』第11条に定められていることから「11条検査」と称される）は，汚水処理施設として所期の性能を発揮しているか否か，浄化槽が適正に設置されているか否か，保守点検および清掃が適正に実施されているか否かについて判定し，問題があればそれを解決するための契機となるものである。浄化槽は多くの関係者が維持管理に関与し，時には性能低下の原因があいまいになるおそれがあるため，法定検査は浄化槽の維持管理の要となる制度であり，浄化槽の信頼性を担保する手段として重要である。

しかし，その受検率は合併処理浄化槽について57.1%，単独処理浄化槽も含めると37.9%という水準であり，法律で義務づけられているにも

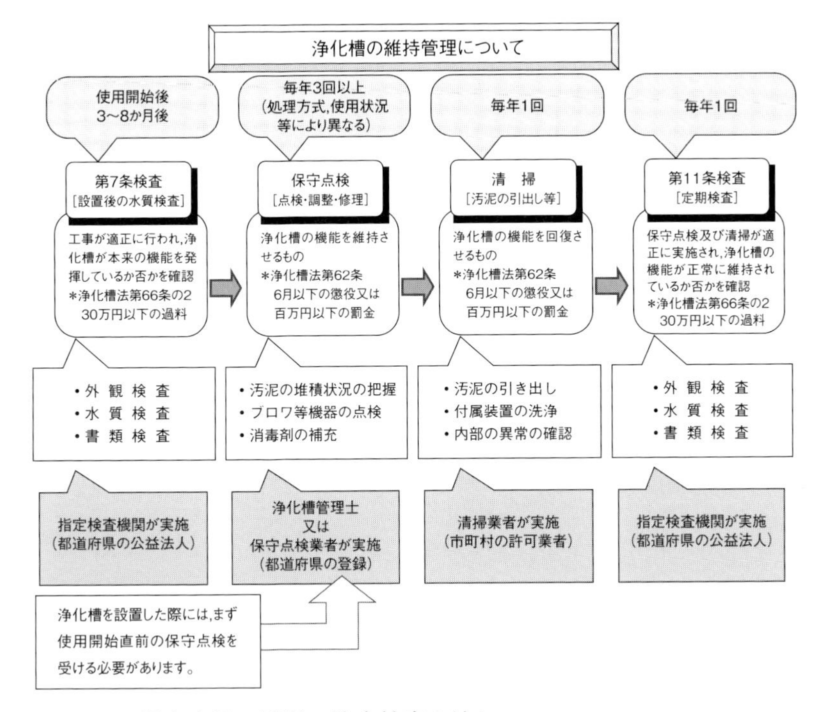

図 3-3-2　保守点検，清掃，法定検査の流れ

〔資料：環境省大臣官房廃棄物・リサイクル対策部廃棄物対策課浄化槽推進室（2009）「よりよい水環境のための浄化槽の自己管理マニュアル」（平成 21 年 3 月）．http://www.env.go.jp/recycle/jokaso/life/data/jokaso_manual.pdf（最終閲覧日　2016 年 11 月 1 日）〕

かかわらず，著しく低い。まさしく，浄化槽の信頼性を確保するうえで早急に改善すべき課題である。都道府県別にみると，最高は岡山県の 91.1％であるのに対し，最低は沖縄県の 7.2％と 1 割にも達しておらず，最大で 13 倍というばらつきが現存している（**図 3-3-3**）。

浄化槽の維持管理は法律によって義務づけられているものではあるが，浄化槽ユーザーという立場からすれば，できるだけ出費は抑えたいだろう。保守点検，清掃，定期検査と，それぞれの手配にかかる手間ひまも面倒だ。やらなくて済むのなら，やりたくない類の義務である。しかし，法律である以上，遵守されなければならない。

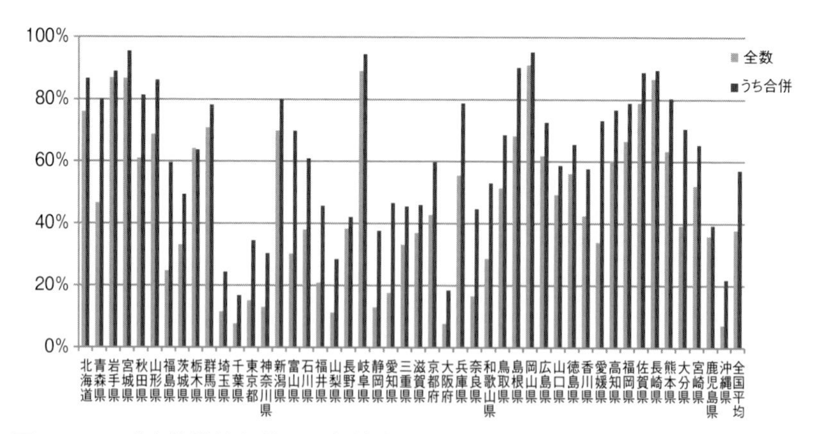

図 3-3-3 『浄化槽法』第 11 条検査の都道府県別受検率（2014 年 4 月 1 日〜 2015 年 3 月 31 日）

〔資料：環境省（2016）「平成 27 年度浄化槽の指導普及に関する調査結果」平成 28 年 3 月をもとに作成〕

ならば，こうした負担感や心理的抵抗を除去すればよい。

業界で連携して清掃，保守点検，法定検査の窓口を一本化し，包括的な契約を一つ交わすだけで済む体制を構築するのだ。契約締結後は，計画に沿って粛々と各専門事業者が清掃・保守点検を行い，定期検査の受検手続きを代行し，結果を共有してフォローする。料金は分割払いも可能な口座引き落としによるものとする。要は，下水道のように，意識せずとも適正に維持管理がなされる仕組みに作り替えるということだ。地域の浄化槽はあまねく適正に維持管理されるようになり，環境保全・公衆衛生に資する。業界側にとっても，業務を計画的・効率的に実施できるようになる。その分を浄化槽ユーザーに「割引」という形で還元できる。

このような取り組みは，もうすでに岡山県や岐阜県など一部地域で取り入れられている。全国規模の普及が期待されるところだ。

ただ，それだけでは不十分だ。法定義務である以上，違反した者が“おとがめなし”で放任されていては，法の下の平等に反する。『浄化槽法』は，法の実効性を担保する手段として，都道府県に改善命令等の権限を与えているが[25]，今日まで「抜かずの宝刀」だった。

法は遵守されなければ法治国家の体をなさない。規制行政官庁は，『浄化槽法』などの根拠法令によって与えられている改善命令や使用禁止などの権限を的確に行使することで，法目的を達成しなければならない。行うべき法令上の責務を実施しない行政職員には，その不作為に対する責任追及と処罰がなされるのが，法治社会の基本ルールである。

❺合併処理浄化槽ではリン除去などの高度処理が難しい

水源地域や閉鎖系水域の水質に影響を与える重要因子は，BOD 以上に「窒素」「リン」であるとされる。放流水における BOD が削減されたとしても，窒素やリンが流入し続ける限り，閉鎖性水域では藻類が増殖してしまう。したがって，当該地域の生活排水処理において窒素・リンの除去機能は重要である。

従前の合併処理浄化槽では，たしかに窒素・リンの除去機能は十分ではなかった。しかし今日では，窒素・リン除去機能が下水道と同等の水準に達した「高度処理型」の浄化槽が開発され，普及が広がってきている。

公共下水道と浄化槽の放流水質に関しては，『下水道法施行令』で最も厳しく規定されている区域での基準が窒素含有量 10 mg/l 以下，リン含有量 0.5 mg/l 以下であるのに対し，浄化槽の性能要件は高度処理型で窒素含有量 20 mg/l 以下，リン含有量 1.0 mg/l 以下となっており，ほぼ同等の性能を有していることが確認できる（**表 3-3-1** は，合併処理浄化槽のタイプ別の性能要件を示している）。

---

25)『浄化槽法』は，浄化槽管理者に対して定期検査の受検を義務づけ（第 11 条），都道府県知事には受検の指導・助言・勧告及び命令の権限を与え（第 12 条の 2），従わない浄化槽管理者に対して「30 万円以下の過料」に処する（第 66 条の 2）との罰則規定がある。また，保守点検義務（第 8 条），清掃義務（第 9 条）については，都道府県知事は「事業者への改善命令」，もしくは「浄化槽管理者（建物所有者）への 10 日以内の浄化槽使用停止命令」を発することができ（第 12 条），この命令に違反した者は「6 月以下の懲役又は 100 万円以下の罰金」に処される（第 62 条）旨の規定がある。

表 3-3-1　高度処理型浄化槽のタイプ別性能要件（国庫助成の対象となる高度処理型浄化槽の要件）

	BOD 濃度	BOD 除去率	全窒素濃度	全リン濃度
（通常型）	20 mg/l 以下	90％以上	―	―
窒素除去型	20 mg/l 以下	90％以上	20 mg/l 以下	―
窒素およびリン除去型	20 mg/l 以下	90％以上	20 mg/l 以下	1 mg/l 以下
BOD 高度処理型	5 mg/l 以下	97％以上	―	―

〔資料：環境省をもとに作成〕

ただし，わが国に設置されている合併処理浄化槽の 8 割は「通常型」である。技術としてはクリアしているものの，水源地域や閉鎖系水域の流域でいかに「高度処理型」の普及を進めるかは，重要課題の一つである。

❻合併浄処理化槽は負荷変動に弱い。処理後の水質は下水道のほうがはるかに安定的で良好である

放流水の水質基準（BOD）の比較では，公共下水道の最終処理場における上限値が「15 mg/l 以下」であるのに対して，浄化槽は「20 mg/l 以下」と，ほぼ同列である〔**表 3-2-1**（本章第 2 節，112〜113 頁）参照〕。ただ，たしかに浄化槽は規模が小さい分，流量変動の影響を受けやすく，その点において放流水質のブレがあることは否めない。例えば，風呂の排水など一度に大量の排水の流入があった場合に，一時的に十分に浄化処理がなされずに水質の悪い排水が放流されることがないとはいえない。しかし，近年の浄化槽は「流量調整機能」を有する構造のものが主流であり，すでに技術的には改善が図られている。

ここで注意しなければならないことは，目的と手段を取り違えないことである。生活排水処理施策で重要なのは「放流先となる公共用水域の水質が担保されていること」である。下水道においては，下水処理水の河川流

量に占める割合が大きく[26]，水質に及ぼす影響が大きいため，厳格な水質管理が求められる。それと同等の水質管理を，人口のまばらな上流地域の浄化槽設置家屋にも求め，「排出口での放流水の水質が基準値を下回っていること」まで要求する[27]のは行き過ぎであり，手段の目的化というほかない。加えて，浄化槽の場合はオンサイトで浄化処理してすぐに放流するので，水路や河川を流れる間に自然の浄化作用を十分に受けられる点も加味する必要がある。それも含めて，地域単位でみて水質が平均的に確保されるように維持管理できればよいのだ。

もちろん，放流水の水質維持には「適正な維持管理」が欠かせない。しかるに，わが国の浄化槽は，法定義務の定期検査（年 1 回）の受検率が 4 割を下回るなど，維持管理体制が不十分であると言わざるを得ない（本節❹の項，130〜133 頁参照）。浄化槽管理者（建物所有者）に，維持管理にかかる法令上の義務を遵守させるための「工夫」と「強制力」が必要である。詳細は第 4 章で論じるが，いずれにしても，法の不遵守が横行する現状を「技術上の劣位」と取り違えてはならない。繰り返しになるが，技術的には下水道と浄化槽は同等である。

---

26) 晴天時の河川水量に占める下水処理水の割合は，東京都の神田川（柳橋）で 95.9%（河川水量 5.7 m^3/s），同じく隅田川（両国橋）で 71.0%（河川水量 29.1 m^3/s），新河岸川（志茂橋）で 50.6%（河川水量 11.6 m^3/s），多摩川（大師橋）で 32.3%（河川水量 10.0 m^3/s）となっている（多摩川・荒川等流域別下水道整備総合計画策定調査による試算値より）。〔資料：東京都下水道局ホームページ「ニュース“東京の下水道”No.154（1998 年 7 月）」，http://www.gesui.metro.tokyo.jp/kanko/newst/154/n154_se.htm（最終閲覧日　2016 年 12 月 1 日）〕

27) 日本下水道協会の「汚水処理施設の効率的な整備・管理に関する有識者研究会」（2008 年）は下水道管理者たる市町村に対し，「下水道供用済み区域で合併処理浄化槽の接続免除を例外的に認める場合の留意点」として，▽許可条件として下水処理場と同様の水質項目を設定すること，▽合併処理浄化槽放流水の水質は，当該地域の下水処理場の放流水質基準を満足するものであること，▽合併処理浄化槽管理者は，継続的に水質検査の結果を下水道管理者に報告し，下水道管理者はこれを確認できる仕組みがとられること，▽許可条件に違反した場合等には許可を取り消すこと――などを示している。達成困難な条件を並べて，実質的に「接続免除は認められない」といっているようなものである。

❼合併処理浄化槽は汚泥処理施設がないため，し尿処理場等に依存している

下水道の最終処理場にも，自前で汚泥処理施設をもたず，他の処理場に移送して処理している例もあるので，一概にそれが下水道と浄化槽の違いというわけではないのだが，それはさておき，浄化槽が汚泥処理まで自己完結していないことは確かである。浄化槽汚泥は清掃事業者がバキュームカーで抜き取り，市町村運営のし尿処理場に運び，そこで処理されることになる。処理費用の負担の仕方は市町村によって異なるが，全国平均でみると，利用者負担は 1 割程度，残り 9 割は一般財源や国費で賄われている。ちなみに，し尿処理場での処理費用は，浄化槽汚泥と汲み取り便所から収集したし尿を合わせて年間 2251 億円，利用者 1 人当たりに換算すると 6500 円かかっている。

負担と受益の公平・公正を期するうえで，この浄化槽汚泥処理コストは当然，利用者（＝浄化槽設置者）から実費を徴収するべきものである（第 2 章において，汚水処理にかかる下水道と浄化槽のコスト比較を試みているが，この浄化槽汚泥処理コストも含めて弾き出しているので，ぜひ，あわせてご参照いただきたい，89～90 頁参照）。

浄化槽と下水道の差は「軽乗用車と普通乗用車」の如し

以上，生活排水処理インフラにおける主役の一つ，「合併処理浄化槽」に寄せられる懸念や疑問符について，下水道との優劣を超えて，「今でも本当に問題なのか」「どこに課題があるのか」を整理してみた。最後に，両者を殊更に対立軸で捉える見方がいかに生産的でないか，端的かつ的確に指摘した論考があるので，紹介したい。

下水道事業に係るいくつかの課題（抜粋）

（亀本和彦（2005）「下水道事業に係るいくつかの課題」国立国会図書館『レファレンス 2005』No.654，2005年7月）

汚水を処理する施設，すなわち，広義の下水道の代表的なものとしては，下水道法（昭和33年法律第79号）による下水道と浄化槽法（昭和58年法律第43号）による合併処理浄化槽がある。

これらについては，「下水道の方が優れている」とか「合併処理浄化槽の方が安上がりである」といった議論が有識者，地方自治体関係者，業界関係者の間でなされ，その論争は神学論争の様相すら呈している。

しかし，その論争は往々にして両者が全く異なるシステムであるとの誤解に基づいてなされていると考えられる。

すなわち，広義の下水道のほとんどは，細菌類，原生動物，微小後生動物等で構成される活性汚泥の行う生物化学反応の働きによって汚水を浄化する点では，共通性があり，システムとしては，同じ範疇にあるが，施設の規模，地域の特性，求められる水質等の条件によって，それに相応しい施設が下水道であったり，合併処理浄化槽であったりするだけのことに過ぎない。

例えば，施設の規模等の関係から，両者の標準的な汚水処理方式に多少の相違があり，ある処理方式を推奨するために，その違いを殊更に強調する向きもあるが，下水道の汚水処理方式にも合併処理浄化槽の汚水処理方式にも多くの種類があり，それぞれの方式の違いによって，下水道と合併処理浄化槽の区別がなされているわけではない。しかも，この違いは，喩えれば，ガソリン自動車と燃料電池自動車の違いほど大きいものではなく，せいぜい軽乗用車と普通乗用車の違いくらいの差でしかない。

むしろ，汚水処理方式の違いよりも，後述する集合処理と個別処理の違いのほうが大きく，この違いとても，喩えれば，バスと普通乗用車くらいの違いくらいの差しかない。しかも，下水道はすべて集合処理であるが，合併処理浄化槽には集合処理のものも個別処理のものもあるので，単純に，「下水道＝集合処理」と「合併処理浄化槽＝個別処理」という形での比較で，下水道と合併処理浄化槽の比較を行うことは意味が無く，地域の特性等を考慮して，集合処理又は個別処理のいずれを採用するかを決定すればいいだけである。

（※傍点筆者）

第4節 近年の浄化槽の動向と展望

一般家屋向けの小型合併処理浄化槽は現在，①処理水質の高度化，②多機能化，③小容量化，④循環型社会対応，という4方向に向かって開発が進められている（**図3-4-1**）。

まず，「処理水質の高度化」として，▽富栄養化対策や放流水地下浸透向けの窒素・リン除去技術の開発，▽建物内や敷地内での処理水の再利用，▽道路下設置や放流水の地下浸透に際して用いる効果的消毒方法の開発，などが進められている。

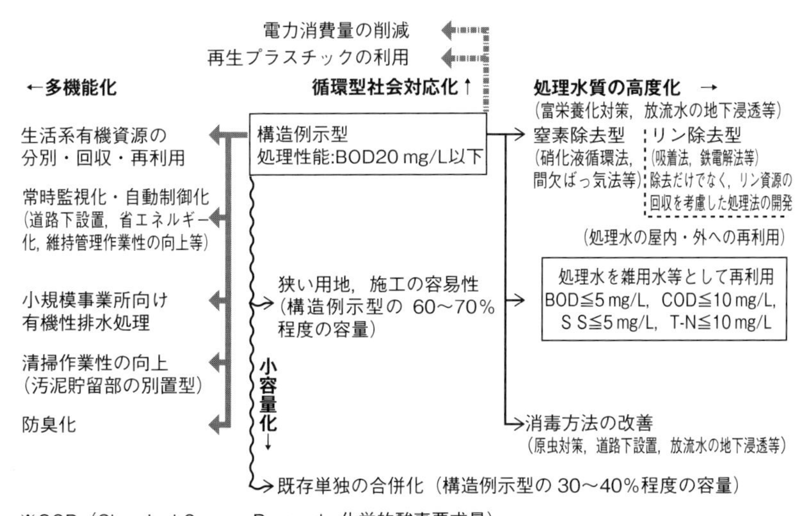

図3-4-1　浄化槽の開発動向

〔資料：中央環境審議会廃棄物・リサイクル部会浄化槽専門委員会第17回会合（2006年7月27日）「[資料2] 浄化槽に関する技術関係資料」〕

次に，「多機能化」。▽常時監視化・自動制御化，▽糖尿病等患者の排泄物に由来する特有の臭気対策（防臭化）がある。

三つ目の「小容量化」。▽施工の容易性の向上，▽住宅密度が高く用地が狭い地域での対応可能性拡大，▽既設単独処理浄化槽の合併化，を目的とし，同一の性能を所持したままで，浄化槽の容積を小さくする開発が進められている。

四つ目の「循環型社会対応化」。▽電力消費量の削減，▽再生プラスチックの使用，といった取り組みが進められている。

「膜分離技術」を活用したニュータイプ

近年，期待が集まっているのは，「膜分離技術」を活用したニュータイプの浄化槽である。省スペースと水質高度化という，ある意味相反する2大ニーズを双方とも満たす存在だ。

従前の方式は，微生物の固まりを沈降させることで清浄な上澄み液を得る仕組みだったが，この膜分離型は微細な孔が無数に開いた膜に汚水を透過させることで，清浄な水を得る。膜の孔の大きさは，わずか0.4 μm（0.1 μm＝1 mmの1万分の1）。大腸菌程度の大きさのものはほぼシャットアウトする。従前の方式では，十分に沈殿しない汚泥が発生した場合に処理水の水質悪化が避けられなかったが，この膜分離型では常に安定して高度な水質の処理水を得られる。衛生学的安全性も高く，処理水を家庭内のトイレでの再利用も可能だ。それだけ高機能でありながら，沈殿槽や処理水槽を必要としない構造であるため，コンパクト化が実現できている。

さらに，この「膜分離技術」を活用することで，既設の単独処理浄化槽を合併処理浄化槽として“リユース”する道も開けた。すでに建物に取り付けられている単独処理浄化槽を「流量調整槽」と「貯留槽」に改造し，膜分離装置を内蔵したばっ気槽を付加すれば，合併処理浄化槽になってしまうのだ。すでに商品化されており[28]，維持管理と一体の販売体制がとられている。

災害発生時の避難所「あんしん衛生トイレ」

大規模な地震や浸水による被害で避難所に避難した際，一番の困りごとは「トイレ」であろう。大人数が使う汲み取り式の簡易トイレはすぐに不衛生な状態となって，「暗い・臭い・汚い・怖い」の4Kトイレとなる。できることなら行きたくない，ということで用足しを我慢したり，催さないように水分摂取を抑えたりして，結果，健康を阻害してしまう。虚弱・要介護であったり，持病をもっていたりする高齢者にとっては致命的ですらある。それなら，浄化槽と自然エネルギーを組み合わせた「トイレシステム」を構築してはどうか。そういう提案が公益信託柴山大五郎記念合併処理浄化槽研究基金技術ワーキンググループの『浄化槽読本～変化する時代の生活排水処理の切り札～』に掲載されている（図3-4-2）。

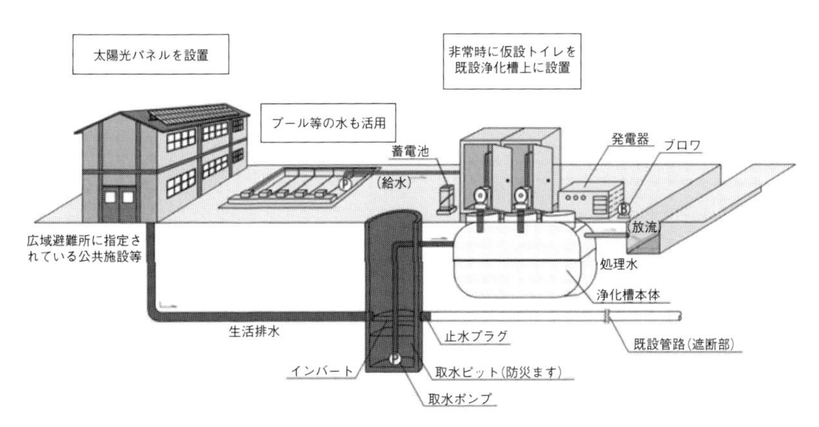

図3-4-2　避難所でのエネルギー等自立型浄化槽の提案

〔資料：公益信託柴山大五郎記念合併処理浄化槽研究基金技術ワーキンググループ（2013）『浄化槽読本～変化する時代の生活排水処理の切り札～』〕

28) 東海メンテナンス株式会社 TMG 型。

・非常時に，仮設トイレを既設浄化槽上に設置（浄化槽に直結したマンホールトイレ）。
・学校の屋根に太陽光パネルを設置。これと蓄電池や発電機を組み合わせて浄化槽を稼働。電気を灯し，換気扇を回す。
・下水道本管が震災で破断して使えない場合にあっても，掘り下げ式のマンホールを設け，ここを溜め槽にして，取水ポンプで水を送り，この水をフラッシュウォーターとして流し，さらに現場処理しながら処理水を放流することにより，未処理のし尿が公共用水域に垂れ流しにならないシステムとする。

こうした機動的な取り組みは「オンサイト処理」であればこそ，可能となる。

ディスポーザーによる生ごみ処理―住民，自治体財政，環境の三方よし

近年，マンション等で散見されるようになった「ディスポーザー」。食物残渣を粉砕して，厨房排水とあわせて排水口に流す装置である。1棟単位の大型浄化槽とセットになっていて，下水道に流入させる前に浄化処理を施す流れとなっている。

ディスポーザーで粉砕した生ごみをそのまま下水道に流すと，管路の損耗を早め，目詰まりの原因にもなるとして，多くの自治体が住民に「使用自粛」を呼びかけている。実際，国土交通省と北海道歌登町が実施した「社会実験」で，①卵殻などの堆積物の増加，②カビや細菌など微生物菌体を主体とするスライム状の生物膜の大量発生，③堆積物の多い箇所での硫化水素発生，といった「証拠」がそろうことになった[29)]。

ただ裏を返せば，浄化槽を間にかませて浄化処理後の水を流すなら，問

29）国土交通省と北海道歌登町が共同で2000年度から2003年度までの4年間にわたって実施した，下水道における単体ディスポーザー導入時の下水道施設への影響を評価する社会実験。2002年に中間報告，2005年に最終報告がまとめられた。

題はないということだ。

では，仮に地域住民全員がディスポーザーを使ったとしたらどうなるか。それによって何が起こるか。

第1に，燃えるごみ収集日までの間，生ごみを家庭内にとどめおく必要がなくなる。家屋内の不潔要素を減らし，ゴキブリやハエ等の病害虫の発生を抑えられる。さらに，燃えるごみ収集日に回収場所まで運ぶ手間がなくなる。以上は住民にとってのメリットだ。

第2に，生ごみ回収にかかる労力を節減できる。生ごみは大量の水分を含んでいるので，重い。これがなくなるだけで，回収業務は相当程度効率化する。さらに，生ごみは水を含んでいる分，焼却に負荷がかかっているが，それがなくなる。いずれもごみ処理費用の合理化に寄与する。

第3に，二つ目のメリットと重複するが，回収業務が効率化することでごみ回収車の排出ガスを削減できる。あわせて，ごみ焼却場における燃料費の節減と，ダイオキシン排出量の低下にも貢献する。

こうしてみるといいことずくめだが，実際に取り組んだらどうなるものか。これも社会実験してみてはどうだろう。

それはともかく，ディスポーザーからの排水を受ける浄化槽は，「ディスポーザー対応型」であることが前提だ。流入負荷が重くなっても耐えられる仕様でなければならない。現在販売されているものは，生物ろ過槽などの効率の高い処理方法が採用されているほか，汚濁負荷量に見合った槽の容量や流入部分での夾雑物による閉塞の問題などに工夫がなされている。

第4章

今，ここから始める課題解決

ここまでの流れをまとめると，次のようになる。

第1章では，これから「人口減少」が本格化するわが国では，▽市場規模も労働人口も納税者も減少し，生活を支えるインフラの持続が難しくなっていくこと，▽それでも一定のインフラは必要であり，維持していくために「知恵」を働かせる必要のあること，▽活路があるとすれば，それは「ダウンサイジング」「モジュール化」であること——を確認した。

第2章では，本書のテーマである「生活排水処理」の分野で，現下のインフラの整備状況と，その経営状況を総覧し，今取り組まなければならない喫緊の課題として，①いまだ残っている汚水の「未処理放流」をゼロにし，全戸生活排水処理を実現する必要があること，②住民の負担が受忍可能な水準を超えることのないよう，リーズナブルなインフラに組み替えていく必要のあること——の2点を確認した。ただし，現状では下水道にのみ多額の「公費」が繰り入れられるという“政策の不整合”があり，地域ごとの合理的な選択がゆがめられる事態が存在していることもみてきた。

第3章では，浄化槽と下水道は本質的に「同じ」であること，かつての単独処理浄化槽に比べて現在の合併処理浄化槽は格段の進化を遂げており，いわゆる優劣論のほとんどが誤解（思い込み）に基づいていること——を確認した。

以上を受けて，本章では具体的に何をすればよいかの解決策を示す。

第1節 持続可能でリーズナブルなインフラへ

国の財布は“頼み”にできない

第1章，第2章でみてきたように，人口減少や高齢化，財政逼迫によって，地域におけるニーズや費用負担能力は根底から塗り替えられてきている。これまでと同じことをしていては，ニーズを満たすことはできず，それでいて，財政破綻のリスクが高い。

現下の財政状況に鑑みれば，この先いずれ補助金や地方財政措置が大幅カットされるのは必定であろう。限られた財源をめぐって，他の政策分野と激しく競合することになるのは避けられまい。いくら生活排水処理が暮らしのなかの重要なライフラインであると力説しても，“ない袖”は振れなくなる。つまり，公費投入が大幅カットされ，下水道事業の運営資金が不足し，運用不能に陥る公算が高い。では，その際に最低限守らなければならないことは何なのか。どれだけ自前の財源で実施できるのか。

国の財布を“頼み”にする他力本願の考え方は，この際，改めたほうがいい。その地域で生き続ける次の世代が償還・維持管理できない投資は，してはならない。町が財政破綻してしまったら，後の祭りである。「国のマニュアルにこう書いてあったから」とか，「補助要綱にはこう書いてあったから」等の釈明は通らない（そもそも要綱やマニュアルは簡単に差し替わるものである）。結果がすべてであり，その責任は当事者である市町村にある。計画を練り上げる行政，それをチェックする議会，議員や首長を選ぶ住民——皆々が当事者として責任を負わなければならない。

目指すべきは，その地域において最も経済効率が高く，かつ，予測される先々の人口変動に柔軟に対応でき，災害にも強い汚水処理システムである。言い換えれば，①自治体財政の硬直化がさらに進行しても更新や維持管理に支障がなく，②人口が減少しても稼働率低下による無駄がなく，③災害発生時にダメージを抑えられるシステム，ということだ。

住民には「これから何が起こるか」を伝える

第2章や第3章でみてきたように，一般に人口密集地では，面的に整備する「集合処理」のほうが，規模のメリットが働いて経済合理性が高いといえる。一方，それ以外の地域では，ニーズに対してピンポイントに対応する「個別処理」のほうが前項で述べた①②③を満たしていて，優位性が高い。地面を深く掘って管路を敷く必要がない分，低コストで，人口が減少しても直接的な影響を受けず，地震対応力がある[1)]。しかもすぐに整備が完了する。

現時点での未整備地区は大半が人口のまばらな地域で，今後急速に人口が減少する見込みだ。だとすれば，今から下水道に予算と時間を費やす妥当性は低い。合併処理浄化槽で整備したほうが安くて早い。下水道の整備途上であっても早々に方針を転換するべきだ。

下水道を望む住民の声が「決断できない理由」であるとすれば，まず住民の思い込みを解きほぐし，率直に台所事情を明かし，これから何が起こるかを伝えることだ。①下水道と浄化槽は機能的に同じ仕組みであるこ

1)「2011（平成23）年3月11日に発生した東日本大震災で被災した岩手，宮城，福島の3県において内陸部で震度6弱以上の地域，および津波被害を受けた地域の1,099施設を対象に浄化槽被害調査が実施された。その結果から，全損と判断された施設は全体の3.8%であり，浄化槽は地震に強いことが再認識された。全損を免れた浄化槽で管渠に不具合があった現場でも，復旧工事までの間，ポンプを流入枡や最終処理槽に設置することで，水洗トイレが使えたことから『浄化槽で良かった』との声があった，と報告されている。」〔浄化槽システム協会技術推進部会編「浄化槽の開発動向と歴史」浄化槽システム協会『浄化槽普及促進ハンドブック（平成27年度版）』〕

と，②住民に負担しきれない莫大なコストをかけなければ人口のまばらな地域に下水道建設はできないこと（人口減少下ではそのような借金は非現実的），③下水道は人口が減ったときに維持管理コストの負担や建設費の借金返済ができなくなって破綻する可能性があること，④整備に時間を要する下水道ではこの先も長期にわたって身近な川や水路を生活雑排水で汚染し続ける結果になること――を共通理解になるまで丁寧に説明することだ。住民との対話を通じて「反対の理由」を聞き，合理的にその解消を図る施策を練って共有することで，地域事情にあったインフラの選択に資することである。

もちろん，住民の間に「不公平感」「不安感」が残っていては，受け入れが難しいかもしれない。したがって，下水道と浄化槽の間で「負担の不公平」が解消されることが必要であり，条件をそろえるための制度の見直しが前提となる。また，清浄な水が放流されるように，浄化槽の維持管理が確実に行われる仕組みの創設も行う（後述）。浄化槽への誤解や思い込みを解くための情報提供やイメージアップ広報にも取り組む[2)]。自治体，民間事業者，国の協業によってこそ，国民合意のもとでのインフラ転換が実現するのである。

未整備地区：短期完成できないなら下水道は打ち止め

加えて，従前から下水道整備は時間がかかるものとして，ある意味「待たせて当然」という認識があったかもしれないが，この点は改められなければならない。そもそも供用開始まで10年以上もかかるような計画では役に立たない。その間も，未整備地区の家屋からの生活雑排水“垂れ流し”が続くことになるのだ。代替手段があるのに，「せっかくここまで進

2）環境省では2016年度から「浄化槽普及戦略策定事業」に着手している。中山間地域における汚水処理普及シナリオの検討や汚水処理未普及世帯への実態調査を行ったうえで，浄化槽普及戦略を策定し，次期「廃棄物処理施設整備計画」の改定に反映させるとともに，地方自治体等へ情報提供を行う方針だ。

めてきたのだから最後まで」「今までの投資が無駄になってしまう」とばかりに既存の下水道事業計画に固執すれば，結果として汚水垂れ流し続行を“推し進める”ことになる。それこそ『水質汚濁防止法』の精神に反しているというほかない。未整備地区の下水道整備については，年限を区切るべきである。

国も国土交通省，農林水産省，環境省の3省が合同で2014年に改訂版の「持続的な汚水処理システム構築に向けた都道府県構想策定マニュアル」をまとめ，10年という年限を区切って未整備地区の整備を加速させるよう都道府県・市町村に求めている。間に合わないなら合併処理浄化槽へ方針転換せよ，というメッセージである（次**コラム**参照）。だが，「10年」は長過ぎるというものだ。

―国が突き付けた「あと10年」の猶予期間

2014年1月，国土交通省，農林水産省，環境省が共同で，3省統一の「持続的な汚水処理システム構築に向けた都道府県構想策定マニュアル」を策定した。同マニュアルは「今後10年程度で汚水処理の概成を目指す」として，都道府県や市町村に対し，10年という年限を区切って未整備地区の整備を加速させるよう要請。整備に長期間要する地域については「早期に汚水処理が概成可能な手法」を導入するよう求め※，下水道から合併処理浄化槽に切り替えて早期に整備を完了するよう念押しした（**図4-1-1**）。

自治体側はこれを，10年経過後は財政支援をカットするという暗黙のシグナルだと受け止めている。尻をたたかれた格好の当事者側は戸惑いを隠さない。「自治体の実情を斟酌することなく，一律におおむね10年と期限を括られることは，決して容認できるものではない。財政力や技術力の弱い町村に対しては引き続き支援を望む」（小城利重・奈良県斑鳩町長：「第8回市町村の下水道事業を考える首長懇談会，2014年11月4日」），「スタートの時点が違うのに締め切りだけ10年と区切られてしまうのは，極めて不公平。10年概成とはいうものの，その後も柔軟に地域事情も考慮して，財政支援を政策判断していただけるといい」（山田拓郎・愛知県犬山市長：「定例犬山市議会，2015年9月10日」）などと“猶予期間”後の財政支援続行を求めている。

「都道府県構想」とは，公共下水道，集落排水，浄化槽という3種類の汚水処

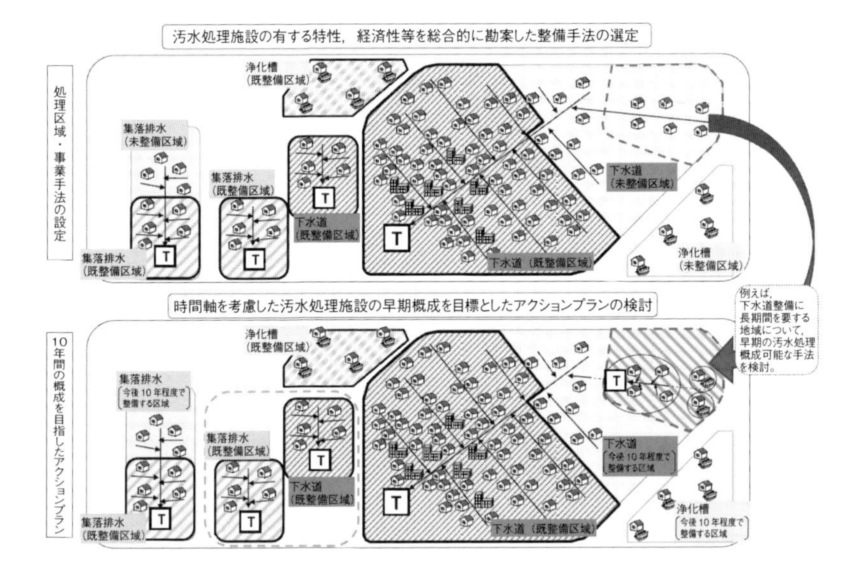

図 4-1-1　手法ごとの汚水処理整備区域（区域図）（例）**—都道府県構想策定マニュアルより**

※下水道整備に長期間を要する地域については方法を見直すよう求めている。
〔資料：国土交通省・農林水産省・環境省（2014）「持続的な汚水処理システム構築に向けた都道府県構想策定マニュアル」平成 26 年 1 月〕

理システムのうち，どの地区にどのシステムで対応するかについて，建設費および維持管理費を積み上げて比較検討し，都道府県と市町村で連携をとりつつ決定する整備方針のこと。2001 年に初版のマニュアルがつくられ，これをもとに初期の都道府県構想が各都道府県で策定された。当初は整備拡大に重きを置くものであったが，人口の 9 割程度までカバーできる水準に至ったため，今般，主たる眼目を「建設」から「維持管理」にシフトさせ，人口減少，高齢化，過疎化の進展，国と地方の財政逼迫などを踏まえた構想への見直しを唱道する形で，新マニュアルを策定した。

※「整備・運営管理手法の選定により適切と判断された汚水処理整備手法についても，整備計画の策定では早期整備の観点から弾力的な対応を図ることを検討する。例えば，汚水処理施設の有する特性，経済性等を総合的に勘案した上で，集合処理区域が適切と判断された区域であっても，10 年以内に整備が概成しない地域については，地域住民の意向等を踏まえ，早期概成が可能な手法を導入する等の弾力的な対応を検討する。」〔国土交通省・農林水産省・環境省（2014）「持続的な汚水処理システム構築に向けた都道府県構想策定マニュアル」平成 26 年 1 月，第 6 章　整備・運営管理手法を定めた整備計画の策定〕

既整備地区：更新と借金の連鎖を繰り返すのか，選択のとき

一方，すでに下水道整備が完了している地区も見直しが必要である。

人口流出や高齢化で現に空き家が社会問題化しているが，個別処理であれば，その家の浄化槽が運転中止になるだけだ。しかし，下水管路でつなぐ集合処理施設では，管路につながった住宅のほとんどが空き家になっても，その区画に1軒でも居住者の暮らす建物があれば，供用を続ける必要がある。終末処理場から遠いエリアから順番に人が少なくなってくれればまだしも，途中のエリアや処理場に近いエリアで空き家率が上昇した場合，広範囲にわたって設備を維持しなければならない。そうなる前に，地域間の人口移動などにより予測以上に減少する場合や高齢化の進捗などを考慮して，処理区域の縮小を検討する必要がある。

人口の密集した都市部も，集合処理と個別処理の最適な組み合わせを検討したほうがよい。今後さらなる高齢化と国・地方の財政悪化が見込まれるなかで，設備の耐用年数が到来した際，更新が可能かどうかの切羽詰まった決断を迫られることになるからだ。都市部の下水道の大半は，2040年代に法定耐用年数50年を迎える。それより前に当初の敷設工事費の借金を返し終えなければ，施設更新によりまたしても巨額の債務を背負うことになる。実際のところ，更新のための費用積み立てはほとんど行われていない[3)]。そのため，更新時期が到来した際には減価償却費等が急増し，下水道財政が危機に瀕することになる。

「これからも下水道でいく」という選択は，連鎖する借金と更新の宿命を背負うことに等しい。これが人口の増え続ける社会であれば，1人当たりの借金残高は年を追って減ることになるので，たいしたことはない。しかし社会状況は変わった。わが国はすでに不可逆な人口減少社会となって

3）2013年度決算において建設改良積立金を計上している事業は26事業，金額が90億円〔総務省自治財政局準公営企業室（2015）「下水道財政のあり方に関する研究会報告書」平成27年9月〕。

いる。たとえ計画通りに返済が進んでいても，時間の推移とともに1人当たりの借金残高は膨らみ続ける（**図 4-1-2**）。

負担が増えるのは下水道だけではない。上水道，橋梁，道路，港湾など他のインフラも同じである。加えて医療・介護・年金などにかかる社会保障費も膨らみ続ける。国の財政は現在，借金返済（国債の元利償還）に税収の4割が消え，返済額より多くの新規借金を繰り返してようやく予算が回っている状況である。第1章でみたように，国土交通省は，財源不足によって更新できずに放置されるストックが大量発生する可能性を指摘している（15～17頁参照）。つまり，公財政で事業運営しなければならないものは何かを，厳しく選定しなければならない状況にある[4]。

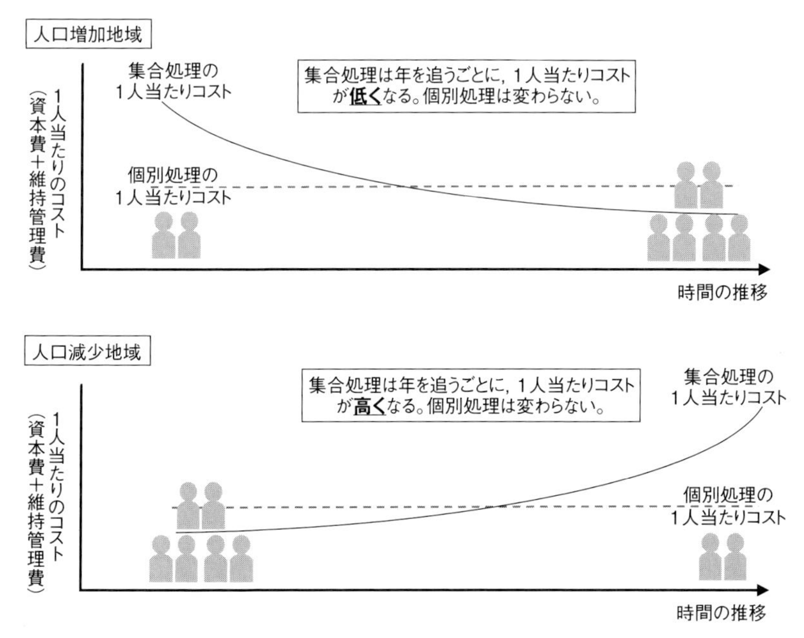

図 4-1-2　人口の推移と集合処理の1人当たりコスト（再掲）

〔筆者作成〕

4）このことは他のすべての行政分野について当てはまる。例えば，本来社会保険料で運営されるべき社会保険制度に対し，国庫負担を投じている現行の仕組みは，廃止に向けて見直される必要があると考えられる。

そのようななか，代替手段があるにもかかわらず，返す当てのない借金を重ね，更新するめどの立たないインフラをつくる必然性がどこにあるのか。更新できないインフラはつくるべきでないし，次に再更新できないインフラなら更新するべきではない。

大事なことは，これまでに投じてきた費用（サンクコスト＝埋没費用）ではない。これからいくらかかるか，いくらまでなら負担可能なのか，ということである。希望的観測を排除した厳密な人口推計，現時点における税財源からの公費繰入，そして中長期の更新費用も含めた漏れのない財政収支シミュレーションを示し，30 年後，50 年後にも持続可能な汚水処理システムを選択する必要がある。

コスト意識をマヒさせる補助金・地方財政措置

インフラの見直しと転換の重要性について述べてきたが，国(省)－県(部局)－市町村(担当課) という縦の「指揮命令系統」が強力に作用し，役所内の権勢が予算の大きさで色分けされるような環境のもとで，大胆な方向転換などできるわけがない――との見解もありそうだ。しかし，現状追認からは何も生まれない。

中山間部での下水道整備費用を仮に使用料収入だけで賄おうとすると，回収年数は 125 年～400 年になるという試算もある[5)]。これはすなわち「無限大」といっていい数字だ。耐用年数経過による更新の必要性を考慮

5）公共下水道・農業集落排水・浄化槽を併存させている福島県三春町（人口約 1 万 7000 人）での整備費用（1 人当たり 150 万円）をもとに算出された年数。当時の担当課長が次のように記している。「集合処理方式の整備費は 1 人当たり 150 万円前後になる。1 人当たり水道料金収入を月額 1000 円として，それによる回収年数を計算すると 125 年にもなる。使用料はまず，施設の維持管理費用に充てられ，超える部分が資本費に回るとした場合，維持費用を使用料の 3 分の 1 程度とみれば，125 年の 3 倍，400 年余りになる。下水道施設の均耐用年数を 50 年とすると現在の使用料収入では更新できないことがわかる。下水道は財政力のない小規模自治体では運営が難しい事業である。」〔遠藤誠作（2015）「人口減少時代の下水道整備：浄化槽活用についての一考察」『年報 公共政策学』(9)，p181〕

すれば，「回収不可能 / 更新不可能」であることを意味する。つまりは無計画。今振り返れば無理筋の意思決定が，日本国中で示し合わせたかのようになされた背景には，それ相応の力学があったはずである。それは何か。

全国に先駆けて下水道整備に待ったをかけ，合併処理浄化槽による適材適所の汚水処理システムへ舵を切った福島県三春町の担当課長・遠藤誠作氏（現・北海道大学院公共政策研究センター員）は，こう分析する。

「『下水道は文化のバロメーター』という関係機関による宣伝とそれに基づく思い込みや，『公共への無関心』という日本人の意識，公共事業に依存した地域経済が背景にあるのではないだろうか」[6]

「集合処理方式は整備費が高額でも，事業費の5割という高率の補助金と補助残部分に政府系金融機関の長期低利融資により整備資金がほぼ賄え，その償還財源として地方交付税が措置されることで議会や住民に説明がしやすかったことがあげられる。それに下水道事業は地方公営企業法の任意適用事業であったことから，貸借対照表や損益計算書がなく維持管理も建設工事も一緒にして帳尻を合わせる単式簿記で会計の管理をしていたため，膨大な資産と負債の存在，それに伴う将来負担が見えなかったことが考えられる」[7]

すなわち，下水道整備事業の内実は地方にカネを落とす景気対策であり，補助金や地方交付税によって市町村のコスト意識がマヒして大政翼賛的な世論が形づくられ，財政力に見合わない債務もどんぶり勘定の官庁会計のもとで看過され，さらに傷口を広げていった――という構図であると解せられる。遠藤氏は，上下水道事業に17年間携わって事業統合や企業会計導入を主導し，その後，財務畑で行財政改革に腕をふるった経歴の持ち主。その“中の人”の証言として貴重である。

しかし，そうであれば，低コストで地域の実情に見合ったシステムへとリセットするには，その逆をいく必要があるのではないか。

6）前掲書 5），p181.

7）前掲書 5），pp181-182.

補助金は受けず繰り入れもしない，使用料収入一本でいく

すなわち，こういうことである。

- ・目的を履き違えたり，合理的な選択を阻害したりすることのないよう，補助金は受けない。
- ・汚水処理にかかる維持管理費，資本費は使用料収入だけで賄うものとし，一般財源からの繰り入れは行わない。
- ・企業会計に切り替えて，資産と負債を「見える化」する。

公共用水域の水が清浄であることで，市民全員が便益を受けている。市民は，公共の福祉のために，果たすべき責任を負う。自らのし尿や生活排水は浄化してから公共用水域に戻すことが，市民全員が負わなくてはならない当然の責務である。

人口密集地では集合処理したほうが合理的であるという判断で公共下水道というシステムが採用され，住民はみな応分の使用料を負担して共同利用し，汚水処理システムの責務を果たしている。人口の密集していない地域では，住民が自ら設備（合併処理浄化槽）を購入し，維持管理して使用することで，汚水処理の責務を果たしている。

汚水処理システムは公共の福祉に寄与するインフラだが，税として強制徴収されて“恩典”のごとくに分配される財源で支えられるべきものではない。利用者がサービスの対価として支払う料金で支えられるべきものである。事実，上水道のように使用料収入だけで独立採算を保っているインフラもあるわけで，事業主体が自治体であることと税財源で運営することを混同してはいけない。

「もらえる補助金は最大限もらっておこう」という“分捕り根性”は，その実，借金の山をも分捕ってきて，後代にツケ回しする結果となっている。それなのに，「これで町はよくなる」と感じさせてしまう補助金の“集団催眠効果”は極めて危険である。

借金残高や経費がダイレクトに使用料負担に跳ね返るようになれば，住民は黙ってはいない。そこにこそ，最も経済合理性にあった処理方法を選択し，最小コストで運営できる事業体に生まれ変わるチャンスがある。

具体的には，**図4-1-3**の通り。①下水道の設置，改築（更新）の際の整備費は，国庫補助によらず，全額自己調達する。②維持管理段階でのコストも，汚水処理にかかる「維持管理費」（人件費，動力費，薬品費，施設補修費，清掃費など）と「資本費」（処理場や下水道管の建設に充てた借入金の元利償還額等）を全額使用料負担で賄い，一般会計からの繰り入れを全廃する。ただし，雨水処理に要する経費に限っては，下水道使用者のみに負担させるのは不合理なので，繰り入れを存続する。なお，将来の更新・改良に備えての積み立ても可能なように使用料負担を設定するものとする。要は「汚水私費・雨水公費の原則」の徹底である。

繰り返しになるが，国の財政は頼みにできない。さらなる借金を許されなくなった国が手のひら返すときは，いずれ訪れるものと考えるべきだ。

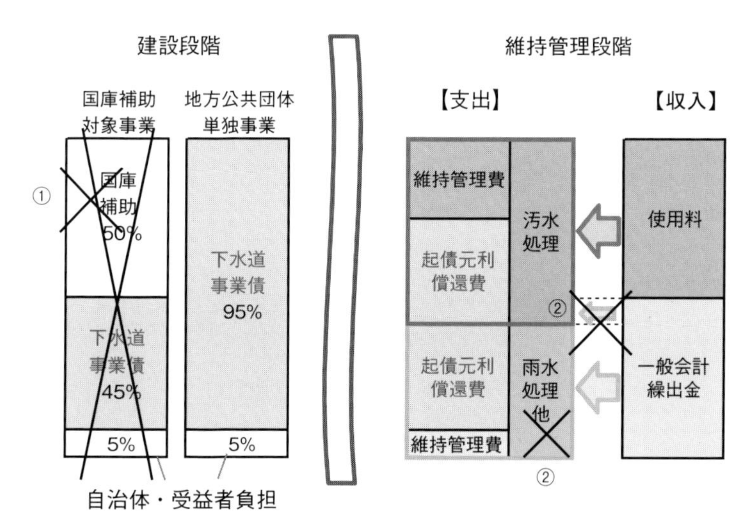

図4-1-3　下水道事業の財源構成の見直し

※①：下水道の設置，改築（更新）の際の整備費は，国庫補助によらず，全額自己調達。
②：汚水処理にかかる維持管理費と資本費は全額使用料負担で賄い，一般会計からの繰り入れを廃止。
〔筆者作成〕

ならば，方針転換のあおりを受けてから慌てるのではなく，自ら国を頼みとしない体制を選び取ったほうがよい。激変緩和のための若干の経過期間をはさんで，すぐにでも取りかかるべきである。

なお，以上は浄化槽についても同じことがいえる。公共下水道への国庫補助が整理されるときには合併処理浄化槽への補助金もあわせて廃止の方向へ向かう必要がある。汚泥処理施設での浄化槽汚泥受け入れについても，一般会計からの繰り入れや補助金を取りやめて，「利用者負担」一本の運営に見直す必要がある。

基準となるのは浄化槽の汚水処理費用＝年7万5000円

こうすることで，初めて価格を通じた合理的選択のメカニズムが発動する。その地域で最も経済効率が高く，かつ，予測される先々の人口変動に柔軟に対応でき，災害にも強い汚水処理システムを，住民自ら選び取るための素地が整うわけである。

集合処理による生活排水処理インフラの使用料負担は，現在，公共下水道が1世帯当たり平均で年間3万2760円，特定環境公共下水道は同3万6108円，農業集落排水施設等は同3万8004円である。しかし，これは汚水処理経費への公費繰入を含めた見かけ上の金額であって，正しい費用負担を示していない。「汚水私費の原則」に基づき，それらを廃止すれば，1世帯当たりの負担額はたちまちにして，それぞれ公共下水道5万3916円，特環下水道11万8970円，農業集落排水施設等は13万657円へと倍増する。今後，人口減少が進めば，これらの金額はさらに跳ね上がっていく。集合処理の場合，たとえ人口が減って処理しなければならない汚水が減っても，汚水が排出される限り，管路もポンプもみな維持し続けなければならず，非効率化は免れないのである。

一方で，個別処理の浄化槽であれば，人口の増減にかかわらず費用は一定だ。第2章でみたように，高く見積もってもトータルコストが年間7万5000円（浄化槽汚泥の処理費も含む）。人口密集地を除けばどちらが持続可能なインフラであるかは，一目瞭然である。

各市町村においては，現行で実施している集合処理の生活排水処理インフラについて，汚水処理経費への公費繰入をゼロにした場合の使用料負担を試算して，それがこの浄化槽の維持管理コストを上回っているのか下回っているのか，弾き出してみてほしい（**表 4-1-1**）。人口減少に伴い，

表 4-1-1　各生活排水処理インフラの維持管理費算出シート（年額）

	集合処理			個別処理
	A．公共下水道（使用料を年額換算）	B．特定環境保全公共下水道（使用料を年額換算）	C．農業集落排水施設等（使用料を年額換算）	D．合併処理浄化槽（5 人槽 1 基当たり費用）
1 世帯当たりの維持管理費計	平均 □ 円 -A ①（使用料を年額換算）	平均 □ 円 -B ①（使用料を年額換算）	平均 □ 円 -C ①（使用料を年額換算）	概算 59,000 円 -D ① ＊これは戸建て向け浄化槽の費用。集合住宅の場合，1 世帯当たり費用はもっと割安になる
公費投入による軽減額（下水道事業への一般会計繰入額の汚水処理分について 1 世帯当たりに換算）	平均 □ 円 -A ②	平均 □ 円 -B ②	平均 □ 円 -C ②	—
公費投入による汚泥処理経費の肩代わり分	—	—	—	概算 15,730 円 ：D ②
公費投入がなかった場合の維持管理費	A ①＋ A ② 平均 □ 円	B ①＋ B ② 平均 □ 円	C ①＋ C ② 平均 □ 円	D ①＋ D ② 概算 74,730 円

※出典については 90 頁に掲げてある同表のものを参照されたい。

集合処理にかかる1世帯当たり負担額は，不可逆に上昇する。現時点で浄化槽の維持管理コストを上回っている集合処理インフラ（公共下水道，特定環境保全下水道，農業集落排水施設等）については，浄化槽への転換を図るべきなのである。

「企業会計」は大前提

下水道事業は，巨額の資金を投じて設備を整備し，そのイニシャルコストを使用料に乗せて長期スパンで回収する事業である。更新費用の積み立ても必要だ。したがって，下水道事業の経営主体は，現在保有している資産と負債および損益を正確に把握していなければならない。

しかるに，現在，地方公共団体が経営する下水道事業の85.2%は，現金の出入りを管理・記録するだけの「官庁会計」を採用している[8)]。これは，下水道が「事業」であることに鑑みれば，異常としか言いようがない。

官庁会計は，「減価償却費などの資産の費消実態を各年度に費用として配分するという概念や，将来的に負担する金額の当期の負担分を費用として計上する引当という概念がなく，各年度のフルコストを会計記録から明らかにすることができない。このため，行政サービスの提供に要した実質的なコスト情報を一覧性のある情報として把握することができない」[9)] ものであり，およそ事業を経営するにあたって必要な情報を得ることのできない会計方式である。客観的な事業評価や検証もできなければ，住民に対する説明責任を果たすこともできない。

この異常事態は速やかに改める必要がある。総務省は2015年1月，下水道事業以外の分も含めた公営企業全般について，企業会計への移行を促

8）総務省自治財政局（2014）『平成25年度地方公営企業決算の概要』，p150.

9）東京都・大阪府（2010）『公会計改革白書』平成22年11月，p5.

す通知を発出し[10]，遅くとも2020年度までに移行を完了するよう念押ししている。責任ある計画を立てるうえで，企業会計は大前提だ。下水道事業に官庁会計を用いている地方公共団体は，ただちに企業会計に移行しなければならない。

生活排水処理行政の一元化―「全体最適」を目指す体制に

集合処理方式が不経済となる地域も含めて，下水道が全国的に普及してきたことは，必ずしも国全体の「全体最適」ではない。たしかに，「国土の均衡ある発展」を唱道した全国総合開発計画（全総）に基づき，人口が増えるという前提で集合処理が選択されてきたわけだが，見込みのズレが認識・共有されてもなお，軌道修正なしに突き進んでしまった。

本来，生活排水処理対策は市町村が主体的に，実情に見合ったリーズナブルな処理システムを選択し，整備していくべきものである。

市町村は『廃棄物処理法』第6条第1項の規定により，10～15年のスパンの「生活排水処理基本計画」策定が義務づけられている。基本計画では「目標年次における生活排水の種類別，処理主体別に生活排水処理全体の整合性を図り，内容を定める」こととされている。つまり，下水道（国土交通省所管）と集落排水（農林水産省所管）と合併処理浄化槽（環境省所管）をすべて網羅した全体像を，この基本計画で描くことになっているのだ。

基本計画策定指針[11]には，「既存施設の整備状況や既存計画を勘案し，処理の対象とすべき排水の種類及び施設整備を必要とする地域を定めなければならない。既存計画との整合については，生活排水処理の緊急性，処

10）平成27年1月27日付総財公第18号総務大臣通知「公営企業会計の適用の推進について」.

11）平成2年10月8日付衛環200号厚生省生活衛生局水道環境部環境整備課長通知「廃棄物の処理及び清掃に関する法律第六条第一項の規定に基づく生活排水処理基本計画の策定に当たっての指針について」.

理技術の進歩，社会情勢の変化等をも検討し，必要に応じて既存計画の見直しを行うことも肝要である。」とある。すでに進行中の計画についても必要に応じて見直しの対象とするよう促しているのである。

この全体像としての「生活排水処理基本計画」をツールとして，“部分”の一つである下水道計画を見直すことはできたはずである。それが機能しなかったのは，市町村のなかで生活排水処理の所管が衛生部局と建設部局に分かれ，それぞれ縦割りの中央省庁から交付される予算で事業を回していたことが要因の一つであろう。

『廃棄物処理法』は衛生部局の所管であり，下水道計画の見直しは巨大な予算を握る建設部局への“越権”にあたる。おそらくは，そうした役所の論理のなかで，計画見直しの機会が損なわれてきたということであろう。

したがって，市町村として地域における生活排水処理システムの「全体最適」を追求するのであれば，予算も一体のものとして取り扱わなければいけない。首長のもとに生活排水を扱う一元的な部署を置くべきである。

「そうすると国からの補助金受け入れに支障をきたすではないか」という懸念がもち上がるかもしれない。しかし，そもそも補助金を受けないこととすれば，問題自体が発生しない。

生活環境を守るための環境省の原点回帰と奮起に期待したい。

浄化槽の「使い勝手」は運用次第

下水道への補助金や一般会計からの繰り入れがなくなり，経営状況がガラス張りになり，役所内の縄張り争いもなくなって，“身の丈”に合う最適な生活排水処理システムを選び取る条件がそろったとしても，肝心なことを忘れては画竜点睛を欠く。住民の意思である。

いかに公共精神の高い市民でも，最大の関心事は，自身にふりかかる「費用負担」と「使い勝手」ではなかろうか。

下水道の場合は汚水の処理は終末処理場で行うから各家庭で「維持管

理」の手間を要することはないが，合併処理浄化槽の場合は各家庭が「浄化槽管理者」として，年3回以上の保守点検と年1回の清掃を行い，法定の水質検査（定期検査）を年1回受けなければならない。もちろん，その点検や清掃の実務は専門の事業者が行うわけだが，手配にかかる手間ひまや，メンテナンスの都度請求が発生すること自体，「煩わしい」「面倒だ」という指摘がある。ブロアに要する電気代も，ばかにできない。だが，ここでメンテナンスの回数をケチったりブロアの電気をOFFにしたりすれば，放流水の水質低下や悪臭の発生など，衛生状態に悪影響をもたらすことになる。浄化槽は小容量のため，利用状況の変動によって槽内の微生物のコンディションが左右されやすいという特質もあり，適正な維持管理が欠かせない。だが，それを怠り，十分に浄化処理されていない放流水を排出すれば，それは廃棄物の不法投棄と同じである。

かたや下水道は，維持管理がすべて「お任せ」で足り，料金は水道の使用水量とあわせて算定され水道料金とあわせて引き落としとなる。ユーザー目線からすれば，この差は大きい。個人の責任のみによって維持管理を徹底するにはおのずと一定の限界があることを踏まえ，両者の差を埋める対策が必要である。

この差をなくす「一括契約システム」という手法が，岐阜県や岡山県など一部地域で導入されている。この仕組みを各自治体で研究し，使いやすい形で導入することが望まれる。

一括契約システムとは，業界で連携して清掃，保守点検，法定検査の窓口を集約し，包括的な契約を一つ交わすだけで済む体制を構築したもの。契約締結後は，**図4-1-4**のように，各家庭について保守点検，清掃，定期検査のスケジュールをあらかじめ立てておいて，時期がきたら粛々と実施する。定期検査の結果は事業者間で共有し，必要に応じて消毒剤の補充，ダイヤフラムの交換修繕を含めたフォローを行う。

料金もあらかじめ決めておいて，支払いは口座引き落とし。最大年6回までの分割払いを可能とする。浄化槽ユーザーにとっては，その都度手配し，契約し，請求を受けて確認して振り込みする手間から解放される。

これに自治体行政が「お墨付き」を与え，かつ，不当な価格設定やごま

月	1月	2月	3月	4月	5月	6月	7月	8月	9月	10月	11月	12月
作業名	使用開始 清掃		保守点検				保守点検	7条検査	11条検査		保守点検	

図 4-1-4　計画的な維持管理のスケジュール例（小型・20人槽以下・1月開始の例）

※実施予定月は，使用開始月，浄化槽の処理方式・人槽（大きさで）パターンが違います。
〔資料：岐阜県浄化槽らくらくプロジェクト促進協議会ホームページ「浄化槽適正維持管理システム」. http://www.raku-raku.jp/maintenance.html（最終閲覧日　2016年11月1日）〕

かしが行われないようチェックする実務を担う枠組みを付け加えれば，浄化槽ユーザーの不安感や不信感を除去できる。下水道と同様，放っておいても専門家が適正に維持管理してくれる仕組みとなる。

一方で，こうした仕組みの全国展開を図りつつ，法定義務の違反事案については法に則った対応が必要だ。違反者が“おとがめなし”で放任されていては，法の下の平等に反し，民主主義が根本から瓦解する。また，適正に維持管理業務が行われたにもかかわらず，事業者が料金をとりはぐれることということのないよう，制度的に担保すべきである。

『浄化槽法』は，法の実効性を担保する手段として，都道府県に改善命令等の権限を与えている。その一つが，浄化槽の保守点検・清掃が適正に行われていないと認めた場合の措置だ。都道府県知事は「事業者への改善命令」もしくは「浄化槽管理者（建物所有者）への10日以内の浄化槽使用停止命令」を発することができる（第12条）。この命令に違反した者は，「6月以下の懲役又は100万円以下の罰金」に処される（第62条）。

それともう一つ，11条検査（『浄化槽法』第11条に定められた定期検査）を受けない浄化槽管理者（建物所有者）に対する措置がある。都道府県知事は受検の指導，助言，勧告および命令ができ（第12条の2），この命令に違反した浄化槽管理者は「30万円以下の過料」に処されることになる（第66条の2）。

規制行政庁は，こうした改善命令や使用禁止などの権限を的確に行使することで，法目的を達成しなければならない。ルールが守られなかった場合に具体的にどのような手順で何を行うのかを，浄化槽管理者（建物所有者）たる住民や事業者に対して自明に示し，瑕疵のない手続きによって実行しなければならない。条文上は「使用禁止にする」と凄んでおいて，そのやり方が検討されていない（したがって規制措置がとられることがない）というようなことは，よもやないとは思うが，もしそうだとしたら可及的速やかに手順が示される必要がある。行うべき法令上の責務を実施しない行政職員には，その不作為に対する責任追及と処罰（懲戒処分を含む）がなされるのが，法治社会の基本ルールであることを付言しておきたい。

なお，維持管理契約が交わされていない浄化槽を設置している者や，所定の維持管理料金を納めない者についても，こうした行政指導・罰則の枠組みに組み入れるべく，所要の措置を都道府県・市町村において講じる必要がある。

「生活排水処理施設管理組合」であらゆる汚水処理に対応

ここまで述べてきたような生活排水処理システム改革を実行できるかどうかは，どこまで事業を効率化できるか，コストを圧縮できるかにかかっている。そのためには民間のノウハウの活用が欠かせない。

下水道事業は大半が「仕様発注」に基づく従来型民間委託で運営されており，民間事業者は自治体職員の指導・監督のもとで業務に従事している。契約期間も単年度であることが多く，業務範囲も限定的で，民間企業固有のノウハウや技術力を活かす余地は限られる方式だ。民間企業のコスト縮減ノウハウによって「成果」を出すには，より包括的で，自由度が高く，かつ，官民がともにリスクを分かち合う体制を築く必要がある。

現在，政府が旗を振って公共インフラの整備・運営へのPPP（Public Private Partnership）/PFI（Private Finance Initiative）の活用を推し進めているが，生活排水処理分野でも官民連携を進化・深化させていく必要がある。

前掲の通り，本気で改革を進めるのなら，今その地域にどのような生活排水処理インフラがふさわしいのか，「縦割り」を排した一元的な部局で検討する必要がある。民間の側も同じだ。従来市場を越えて下水道・浄化槽・農漁業集落排水等の維持管理を一体的に取り扱う「生活排水処理施設管理組合」を設置し，この先どのように生活排水処理インフラが見直されようとも，責任をもって対応しうる経営資源を確保しておく必要がある。

今，行政内部では少子高齢化と人員削減のあおりを受けて，深刻な技術者不足に陥っている。民間側は，あらゆる汚水処理に通じた総合的技術者集団としての立ち位置を確立して，行政のサポートに広域的にあたることが求められている。

第2節 「垂れ流し根絶」のために

1900万人が未処理の生活雑排水を垂れ流し

生活排水処理施策の目的は「公共用水域の水質保全」にある。使った水はしっかり浄化して，環境への負荷要因を取り除いてから自然に戻す。その営みが徹底されるように，行政は生活排水処理のためのインフラ整備を進めてきた。

しかるに，2015年度末現在で，下水道の整備されていない区域に居住し，かつ，合併浄化槽ももたない人は全国に1292万人，全人口の1割超にのぼる[12)]。これらの人は，汲み取り便所か単独処理浄化槽による水洗便所を使っており，台所や浴室からの生活雑排水は未処理のまま垂れ流しをしている。

わが国の生活排水処理インフラは，都市部のみならず人口のまばらな地域でも，下水道が長きにわたって「第1選択」とされてきた。汲み取り便所設置世帯や単独処理浄化槽設置世帯からの「生活雑排水垂れ流し問題」は，地域まるごと下水道を完成させることによって解決を図るというのが，国・都道府県・市町村の基本的な了解事項だった。しかし，下水道整備がなかなか進捗してこなかった結果，いまだ1292万人が“取り残さ

12) 環境省・国土交通省・農林水産省（2016）「平成27年度末の処理施設別汚水処理人口普及状況」から算出。総人口1億2766万人－全国の汚水処理施設の処理人口1億1474万人＝未処理人口1292万人。なお，福島県において，東日本大震災の影響により調査不能な市町村（相馬市，南相馬市，広野町，楢葉町，富岡町，川内村，大熊町，双葉町，浪江町，葛尾村，飯舘村）を除く。

れて”いる状況にあるというわけだ。

『水質汚濁防止法』上は，下水道の処理区域以外の地域に居住する者について，「公共用水域の水質に対する生活排水による汚濁の負荷の低減に資する設備」（要するに合併処理浄化槽）を設置する旨の努力義務が規定されているものの[13]，実効性を担保する施策はとられておらず，事実上の「空白地帯」となっている。

加えて，下水道整備区域に住む人口のうち6.3％にあたる636万人が，下水道に接続せず，汲み取り便所か単独処理浄化槽による水洗便所を使っている「隠れ垂れ流し人口」と推定される[14]。法律のうえでは，下水道が供用開始された地域の住民は，“遅滞なく”下水道に接続しなければならないことになっており，これらの人たちは違法に未接続状態にある[15]。

なぜ接続しないのかといえば，そのための排水設備工事にかかる費用支払いが困難であったり，それだけお金をかけて工事をしても，高齢世帯で

13)『水質汚濁防止法』第14条の7
「生活排水を排出する者は，下水道法その他の法律の規定に基づき生活排水の処理に係る措置を採るべきこととされている場合を除き，公共用水域の水質に対する生活排水による汚濁の負荷の低減に資する設備の整備に努めなければならない。」

14) 環境省・国土交通省・農林水産省（2015）「平成26年度末の処理施設別汚水処理人口普及状況」，および総務省「平成26年度汚水衛生処理率」から算出。集合処理区域内人口1億127万人（①）－集合処理に接続した水洗便所設置済み人口9491万人（②）＝集合処理区域内の未接続人口636万人（③）。③／①＝6.3％。
福島県は除く。

15)『下水道法』第10条第1項
「公共下水道の供用が開始された場合においては，当該公共下水道の排水区域内の土地の所有者，使用者又は占有者は，遅滞なく，次の区分に従って，その土地の下水を公共下水道に流入させるために必要な排水管，排水渠その他の排水施設（以下「排水設備」という。）を設置しなければならない。ただし，特別の事情により公共下水道管理者の許可を受けた場合その他政令で定める場合においては，この限りでない。（以下略）」

後継ぎがおらず，空き家になってしまうというような理由による[16)]。排水設備工事とは，建物内の台所・トイレ・洗面所・浴室などからの排水を1カ所に集める工事のことで，建物の形状等により異なるものの，だいたい20万～40万円程度かかる。各家庭の汲み取り便所を水洗トイレに改造する費用や，私道に共有管を敷設しなければ排水ができない場合の工事費用は別途必要だ。行政側がこうした背景を斟酌して，法の実効性担保のために与えられている権限[17)]を行使せずに存置しているため，違法状態が恒常化している。

以上，取り残されている状況にある1292万人と，違法に下水道に接続しない636万人の合計約1900万人を，居住地域の区分と現在のし尿処理方式で分類すると，**表4-2-1**の太線枠のようになる。

表は，縦軸では現在使用中のし尿処理の方式によって「(A) 汲み取り」と「(B) 単独処理浄化槽」で切り分け，横軸では現居住地域によって，下水道が「①すでに来ている（供用中）」「②これから来る予定（計画・整備段階）」「③この先来る予定はない（その他）」の3段階で切り分けている。そして，現行法上で「未処理放流」が認められるケースについては○印で「適法」，認められないものは×印で「違法」としてある。

この合計約1900万人の垂れ流し人口を「0人」にすることが，生活排水処理施策の目標である。では，そのために何をする必要があるのか。順番にみていこう。

---

16) 新潟県新潟市「下水道に関するアンケート2015」，北海道羽幌町「下水道に関するアンケート調査の結果（平成23年度）」，山梨県「下水道に関するアンケート調査結果（平成19年1月）」，三重県四日市市「未水洗化家屋アンケート調査結果（平成13～15年度）」，富山県富山市「富山市の上下水道に関するアンケート調査（平成26年8月）」，新潟県燕市「下水道に関する意向調査（平成21年11月）」，日本下水道協会「汚水処理施設の効率的な整備・管理に関する有識者研究会　報告書」ほか。

17)『下水道法』第10条の「接続義務」が履行されないときは，下水道管理者は監督処分としての設置命令等を発したり，行政代執行を実施することができる（同法第38条）。命令に違反したときは，1年以下の懲役又は100万円以下の罰金に処せられる（同法第45条）。

表 4-2-1　下水道等に未接続の世帯の分類

		未処理人口[※1]	(A) 汲み取り等 781 万人	(B) 単独処理浄化槽 1,182 万人	(C) 合併処理浄化槽（参考） 1,167 万人
下水道処理区域	①供用中	636万人	雑排水を未処理放流 × 違法	雑排水を未処理放流 × 違法	雑排水を適正処理放流 △ ? 明確な根拠がないものの，実態として，下水道への接続義務を課せられている
下水道処理区域	②計画・整備段階	1292万人	雑排水を未処理放流 ○ 適法 将来的な下水道への接続を前提としているので，未処理放流も許容	雑排水を未処理放流 ○ 適法 将来的な下水道への接続を前提としているので，未処理放流も許容	雑排水を適正処理放流 ○ 適法 この時点ではなんら問題はないが，実態として，下水道供用開始後に接続義務を課せられる
③その他		1292万人	雑排水を未処理放流 ○ 適法 ただし，合併処理浄化槽設置等の努力義務が課せられている	雑排水を未処理放流 ○ 適法 ただし新設は禁止。既設のものについても，合併処理浄化槽への転換の努力義務が課せられている	雑排水を適正処理放流 ○ 適法

※1「未処理人口」は参考値。データの出所，および年次が異なるものを収載しているので，注意をされたい。

※2『浄化槽法』第3条の2第1項のただし書きにより，下水道予定処理区域内に限り，単独処理浄化槽の設置（現状単独処理浄化槽の新規製造はされていないため，用途変更や増改築後の継続使用）が容認されている。

〔筆者作成。資料：汲み取り等人口および単独処理浄化槽人口は，環境省・国土交通省・農林水産省（2016）「平成26年度一般廃棄物処理実態調査結果（平成28年2月）」。合併処理浄化槽人口は，環境省・国土交通省・農林水産省（2016）「平成27年度汚水処理人口普及率」。供用中の集合処理区域における未処理人口は，環境省・国土交通省・農林水産省「平成26年度末の処理施設別汚水処理人口普及状況」および総務省「平成26年度汚水衛生処理率」から算出。計画・整備段階の集合処理区域およびその他地域の未処理人口は環境省・国土交通省・農林水産省（2016）「平成27年度末の処理施設別汚水処理人口普及状況」による〕

❶下水道がすでに来ている区域―権限行使して接続義務を果たさせる

下水道が供用されている区域では，そこに住む住民は排水設備工事を行って下水道に接続する義務がある（『下水道法』第10条）。この接続義務が履行されないときは，市町村は同法第38条により，監督処分としての設置命令等を発したり，行政代執行を実施する権限が与えられている。命令に違反した者は，1年以下の懲役または100万円以下の罰金刑に処せられる（法第46条）。法整備は万全であり，行政には義務履行を徹底するための権限が与えられているのだから，これを粛々と行使することである。

市町村のなかには，「下水道接続指導制度」という独自制度で接続を促しているところもある。接続できないやむを得ざる事情がある場合について，申請により接続義務を一定期間猶予したうえで，期限内に接続しない世帯は「指導」対象とする。指導に従わない世帯には「特別指導」をし，特別指導に従わないと今度は「勧告」する。勧告にも従わないと，氏名・住所の公表に踏み切る。それでも従わなければ，いよいよ『下水道法』第38条の「設置命令」を発し，命令に従わない場合は刑事告発する――という流れだ。一つひとつ手続きを踏むことで，対象となる未接続者の反発を抑えつつ，より強制力のある措置に至る前に義務を履行させることを企図した仕組みであると評価できるが，結果として解決の先送りになっているのでは本末転倒なので，その点は注意を要する。

また，市町村のなかには，接続工事費に対する利息支援，接続工事費への一部助成，供用開始から一定期間内に接続工事を実施した住民に対する「奨励金」交付などを通じて，接続を促しているところもあるが，これは何をかいわんやだ。義務を果たさない者に公費を使って「履行をお願いする」など言語道断である。

なお，合併処理浄化槽については，下水道事業計画策定前から設置済みのものであるなら，下水道への接続義務は「免除」とするのが妥当だ。『下水道法』第10条第1項ただし書きにある「特別の事情」に該当するものと整理して，市町村は接続免除の許可を出すべきである[18)]。そもそも合併処理浄化槽を設置した世帯は，下水道の整備が遅かったからやむなく設置したのであるし，それによって生活雑排水も浄化処理のうえ排水して，市民としての「汚水処理責任」を果たしてきている。処理性能の劣る単独型ならいざ知らず，適正に機能している合併処理浄化槽を，下水道が整備完了したからといって処分を強要し，新たに下水道への排水設備接続工事を行わせるという措置に，合理性は見出せない。

ただし，下水道事業計画の策定後に合併処理浄化槽を設置した世帯については別だ[19)]。「下水道が整備されることがわかっていて，あえて浄化槽を設置した」のだから，特別扱いを認める合理的理由がなく，その場合は接続義務を課すのが当然である。浄化槽を設置するよりも先に下水道の計画があったのであれば，下水道接続義務がかかる。逆に，下水道の計画よりも先に浄化槽があったなら，下水道接続義務は及ばない。合理的に考えれば，こういう仕分けになる。

---

18) この「特別な事情」については，昭和 38 年 2 月 8 日付都発第 19 号建設省都市局長通達「下水道法第 10 条第 1 項の運用について」(解釈通知) に「義務を免除する場合には，法施行令第 6 条により，その区域の公共下水道からの放流水につき定められている水質基準によって措置するものとし，かつ，許可にあたっては条件を付し，将来基準に適合しない下水を排出した際は許可を取り消す旨を明定するとともに，下水排除状態を常時把握する等の措置をあわせて講ずることとされたい。」と記されている。しかし，この通達は事業場排水を念頭に発出されたものであり，しかも，今から約 50 年前，かつて浄化槽が河川等の汚濁の原因と名指しされていた時代に発出されたものである。これを今日の合併処理浄化槽に適用するには無理がある。浄化槽は『浄化槽法』の規制によって適正管理されるという前提で，下水道への接続が免除される「特別な事情」に該当するという整理が妥当である（第 3 章 123〜124 頁に関連記述あり）。

19) 市町村の策定する下水道計画には，20〜30 年の中長期でどこまで下水道を整備するか全体像を定めた「全体計画」と，そのうち直近 5〜7 年間で進める工事について定めた「事業計画」とがある。ここでいう，下水道への接続義務が免除されるべき合併処理浄化槽は，事業計画策定前に設置されたものの意。

❷下水道がこれから来る予定の区域―整備に10年以上かかる計画は白紙に

この区域は，下水道が来るまで“待ちぼうけ”を食わされ，その間，生活雑排水が身近な水路や河川に垂れ流しとなっている区域である。この区域に家を新築する場合，単独処理浄化槽はすでに設置が禁止されているので，汲み取り便所とするか合併処理浄化槽を設置するしかない。しかし合併処理浄化槽の場合，後に下水道が整備完了となった際に，処分して下水道に接続し直さなければならない運用となっている（つまり，せっかく設置しても無駄になる)。住民にとっては甚だ“宙ぶらりん”な状態である。

下水道でいくなら一刻も早く整備する，そうでなければ合併処理浄化槽でいく。その二者択一で，早急に決着を図ることが肝要だ。

具体的には，一定の年限以内に整備できる見込みがなければ，下水道整備を取りやめる。将来的に下水道を整備することになっていた区域についても，すべて計画を白紙に戻し，合併処理浄化槽によって生活排水処理インフラを代替するものとする。

「一定の年限」は，下水道事業計画の計画期間が5～7年間であることに鑑み，最大でもこの「5～7年間」，甘く見ても10年が上限であろう。

許容年限以内に整備可能な区域については，最大限前倒しで供用開始できるよう工事をスピードアップする算段をとる。施工時期が集中して担い手不足となってはいけないので，近隣の自治体間でどの地域から整備するかという調整も必要だ。

下水道の整備が完了したら，全世帯が確実に接続するよう促し，接続しない世帯に対しては前項❶と同様の方策を講じる。

❸下水道が来ない区域―合併浄化槽を必置化，既存建物には柔軟対応

前項❷で下水道の整備を取りやめた区域も含め，下水道整備対象外の区域については，▽住居の新築または改築にあたっては合併処理浄化槽を必置とし，▽既存の汲み取り便所の建物は水洗便所＋合併処理浄化槽への転

換を進め，▽単独処理浄化槽の設置された建物は合併処理浄化槽への転換を進めるものとする。

現行法のもとでも，この区域の居住者は，合併処理浄化槽を設置するよう努める旨の努力義務がかかっている（『水質汚濁防止法』第14条の7）。さらに，国民全員が「健全な水循環」が維持されるように配慮しなければならず（『水循環基本法』第3条第4項），河川や港湾を汚してはならず（『廃棄物処理法』第5条第3項），みだりに廃棄物を捨ててはならない（『廃棄物処理法』第16条）こととされている（**表4-2-2**）。

したがって，あとは1片のピースを埋める最小限の法改正によって，前掲の施策を展開できる。改正点の第一は，『浄化槽法』第3条および第3条の2である。なお，同法上の「浄化槽」は合併処理浄化槽のみを意味する（『浄化槽法』第2条第1号）。

表4-2-2　汚水処理にかかる責務を規定した法律

水質汚濁防止法	第14条の7　生活排水を排出する者は，下水道法その他の法律の規定に基づき生活排水の処理に係る措置を採るべきこととされている場合を除き，公共用水域の水質に対する生活排水による汚濁の負荷の低減に資する設備の整備に努めなければならない。
水循環基本法	第3条第3項　水の利用に当たっては，水循環に及ぼす影響が回避され又は最小となり，健全な水循環が維持されるよう配慮されなければならない。
廃棄物処理法	第5条第4項　何人も，公園，広場，キャンプ場，スキー場，海水浴場，道路，河川，港湾その他の公共の場所を汚さないようにしなければならない。 第16条　何人も，みだりに廃棄物を捨ててはならない。

『浄化槽法』

【現行】

第３条　何人も，終末処理下水道又は廃棄物の処理及び清掃に関する法律第八条に基づくし尿処理施設で処理する場合を除き，浄化槽で処理した後でなければ，し尿を公共用水域等に放流してはならない。

2　何人も，浄化槽で処理した後でなければ，浄化槽をし尿の処理のために使用する者が排出する雑排水を公共用水域等に放流してはならない。

↓

【改正後】

第３条　何人も，終末処理下水道~~又は廃棄物の処理及び清掃に関する法律第八条に基づくし尿処理施設~~で処理する場合を除き，浄化槽で処理した後でなければ，し尿及び生活雑排水を公共用水域等に放流してはならない。

~~2　何人も，浄化槽で処理した後でなければ，浄化槽をし尿の処理のために使用する者が排出する雑排水を公共用水域等に放流してはならない。~~

【現行】

第３条の２　何人も，便所と連結してし尿を処理し，終末処理下水道以外に放流するための設備又は施設として，浄化槽以外のもの（下水道法に規定する公共下水道及び流域下水道並びに廃棄物の処理及び清掃に関する法律第六条第一項の規定により定められた計画に従つて市町村が設置したし尿処理施設を除く。）を設置してはならない。ただし，下水道法第４条第１項の事業計画において定められた同法第５条第１項第１号に規定する予定処理区域内の者が排出するし尿のみを処理する設備又は施設については，この限りでない。

2　前項ただし書に規定する設備又は施設は，この法律の規定（前条第二項，前項及び第五十一条の規定を除く。）の適用については，浄化槽とみなす。

↓

【改正後】

削　除

これらの見直しによって，し尿および生活雑排水は下水道に流すか合併処理浄化槽で処理するかのいずれかの方法で処理することが法的義務に位置づけられることとなる。つまり，下水道整備対象区域外に住居を新築・改築する場合は，「合併処理浄化槽を設置しなければならない」ことになるのである。

ただし，汲み取り便所が設置されている家屋は築数十年の老朽化した建物が大半を占め，遠からずそのまま空き家になるものも相当数あるものと見込まれる。そうした家屋について，法律によって水洗化工事を一律強制することは，目的達成の手段として仰々し過ぎる。

よって，地域の実情に応じて一定期間，汲み取り便所の存置が認められるように，「市町村の生活排水処理計画において定める日までの間，廃棄物の処理及び清掃に関する法律第 8 条に基づく屎尿処理施設で屎尿を処理してもよいものとする」といった経過措置を設けておくのが妥当だろう。その一方で，し尿の収集および処理にかかる経費についても，し尿処理施設の整備運営費用も含めて公費負担を廃止し，その分を全額，汲み取り便所使用世帯の使用料をもって回収できるように，料金体系を見直すのだ。「汚水私費」の原則を貫くための見直しであり，浄化槽汚泥処理経費の全額利用者負担化（本章 158 頁参照）と平仄を合わせた措置である。

あわせて，定期的に水洗便所＋合併処理浄化槽への“転換勧奨”を行う。▽悪臭がなくなる，▽ハエや蚊などの害虫が減る，▽水路等への生活雑排水の排出がなくなり，地域の環境衛生が向上する，▽便槽の溜まり具合や汲み取りを気にする必要がなくなる，▽温水洗浄便座が使えて生活の快適性が高まり，痔やヒートショックの予防など健康保持に資する，▽排泄された便を観察することで自らの健康状態をチェックできる――などのメリットをアピールするのだ。

法律上は，既存の汲み取り便所設置世帯について，経過的に合併浄化槽設置義務の適用除外とするが，生活雑排水の「垂れ流しゼロ」という目標を達成するために，打つべき手はすべて打つ。以上が，汲み取り便所の世帯への対応である。

残りは，単独処理浄化槽によって水洗便所を使用している世帯へのアプローチをどうするかである。

既設単独処理浄化槽は合併型への転換を義務づけ，撤去費用は全額補助

単独処理浄化槽は，2000（平成 12）年の『浄化槽法』改正によって，2001（平成 13）年度以降の新規設置は禁じられている。ただし，制度改正の際によくあるように，それ以前に設置されたものについては，経過措置として使い続けてよいものとされた。そのうえで，合併処理浄化槽へ転換に努めなければならないとの努力義務がかけられている。

しかし，経過措置としての期限が定められていなかった。しかも，合併処理浄化槽への転換努力義務にとどまっているということは，「そうしない選択肢」も与えられているわけで，期限も強制力もなしに，建物はそのままで浄化槽だけを新調するよう促すのは至難である。そうして，すでに十余年の間，生活雑排水の垂れ流しが黙認されてきた。

もう十分，機は熟した。既設単独処理浄化槽を法令上の「浄化槽」と見なしてよいとする経過措置（『浄化槽法』平成 12 年改正法附則第 2 条）に期限を明記するとともに，その期限までに合併型に転換するよう義務づけ，これをもって，期限後の単独処理浄化槽の使用を全面的に禁止とするべきである。

『浄化槽法』平成 12 年改正法附則

【現行】

第2条　この法律による改正前の浄化槽法第 2 条第 1 号に規定する浄化槽（屎尿のみを処理するものに限る。）であってこの法律の施行の際現に設置され，若しくは設置の工事が行われているもの又は現に建築の工事が行われている建築物に設置されるもの（以下「既存単独処理浄化槽」という。）は，この法律による改正後の浄化槽法の規定（第 3 条第 2 項の規定を除く。）の適用については，新法第 2 条第 1 号に規定する浄化槽とみなす。

第３条　既存単独処理浄化槽（新法第３条の２第１項ただし書に規定する設備又は施設に該当するものを除く。）を使用する者は，新法第２条第１号に規定する雑排水が公共用水域等に放流される前に処理されるようにするため，同号に規定する浄化槽の設置等に努めなければならない。

↓

【改正後】

第２条　この法律による改正前の浄化槽法第２条第１号に規定する浄化槽（屎尿のみを処理するものに限る。）であってこの法律の施行の際現に設置され，若しくは設置の工事が行われているもの又は現に建築の工事が行われている建築物に設置されるもの（以下「既存単独処理浄化槽」という。）は，市町村が生活排水処理計画で定める日までの間，この法律による改正後の浄化槽法の規定（第３条第２項の規定を除く。）の適用については，新法第２条第１号に規定する浄化槽とみなす。

第３条　既存単独処理浄化槽~~（新法第３条の２第１項ただし書に規定する設備又は施設に該当するものを除く。）~~を使用する者は，新法第２条第１号に規定する雑排水が公共用水域等に放流される前に処理されるようにするため，同号に規定する浄化槽の設置等に努めなければならず，前条の生活排水処理計画によって本法の浄化槽と認められなくなった場合には，遅滞なく適法な浄化槽に切り換えなければならない。

それでもなお残る既存単独処理浄化槽については，違法な排水をしていることになるので，現行法のうえでは，『廃棄物処理法』違反（不法投棄）で警察に通報し，書類送検のうえ「5年以下の懲役，もしくは1000万円の罰金」という刑罰という流れが想定される。だが，それよりも，『浄化槽法』において都道府県知事に使用停止命令権限を付与する条文を追加し，手続きをガイドライン等で定めたほうが行政としては動きやすいだろう。

合併処理浄化槽への転換にあたっては，(1) 新たな合併処理浄化槽の本体購入費及び設置工事費と，(2) それまでの単独処理浄化槽処分費用，が必要となる。敷地に余裕があれば，不要となった単独処理浄化槽は“埋め殺し”にすることで足りるが，そうでない場合は掘り起こして廃棄するまでの費用が発生する当該浄化槽の使用者からすれば，水洗トイレのメリットはすでに享受しているため，新たに課せられる合併型への転換義務は単純に「負担増」でしかない。その点に鑑みれば，上掲の費用負担のうち，(2) の撤去費用について，移行期間中に（生活排水処理計画によって使用不可になる前の努力義務である期間）限って掘り起こしから廃棄に至るまでの一式を全額補助することとしてはどうか。一方で，(1) については個人の耐久消費財購入費であるので，これに行政が費用負担するのは筋違いであり，不当である。現行でも (1) と (2) について，費用の一部を市町村が助成する制度はあるが，この際，(2) は特別措置として全額（100%）補助とする反面，(1) についてはきっぱり廃止，と整理するべきである。

なお，(1) に関しては，単独処理浄化槽全廃の早期完了を期するため，補助に要する自治体の財政負担に対し，国が相当割合（例えば全額）を補助してもよいだろう。

これまで提言してきた通り，浄化槽も下水道も公費繰入を大胆にカットするので，単独型の撤去・処分費用くらいの財源は十分以上に捻出できる。『浄化槽法』第 51 条は「国又は地方公共団体は，浄化槽の設置について，必要があると認める場合には，所要の援助その他必要な措置を講ずるように努めるものとする。」としているが，まさにそれに該当するケースである。

見直し後の全体像

以上の見直しの内容を，改めて「居住地域の区分」と「現在のし尿処理方式」の表に落とし込んだものが，**表 4-2-3** である。

5〜7 年（遅くとも 10 年）経過後は，②の「計画・整備段階」の段がなくなって，下水道供用中の区域（①）か，それ以外の区域（③）のいずれ

表 4-2-3　下水道等に未接続の世帯の分類（見直し後）

		(A) 汲み取り等	(B) 単独処理浄化槽	(C) 合併処理浄化槽（参考）
下水道処理区域	①供用中	全世帯が下水道に接続	全世帯が下水道に接続	雑排水を適正処理放流 ・下水道事業計画策定後に設置されたものは接続義務あり ・策定前に設置されたものは接続免除
	②計画・整備段階	（最長10年間） 雑排水を未処理放流 ・最長で10年後には下水道への接続を前提としているので，未処理放流も許容 ＊10年以内に供用開始できる区域に絞り込む。	（最長10年間） 雑排水を未処理放流 ・最長で10年後には下水道への接続を前提としているので，未処理放流も許容 ＊10年以内に供用開始できる区域に絞り込む。	雑排水を適正処理放流 （下水道供用開始後は） ・下水道事業計画策定後に設置されたものは接続義務あり ・策定前に設置されたものは接続免除
③その他		（市町村が生活排水処理計画で定める日まで） 雑排水を未処理放流 ・建物の新設・改築に際しては合併処理浄化槽の設置を義務づけ ・既設の建物については例外的かつ経過的に汲み取り便所＋バキュームカーによる処理を認める。ただし，合併処理浄化槽設置の努力義務を課したうえで，し尿収集および処理の経費を全額自己負担化する （市町村が生活排水処理計画で定める日以後） 全世帯が合併処理浄化槽で適正処理	（市町村が生活排水処理計画で定める日まで） 雑排水を未処理放流 ・建物の新築・改築に際しては合併処理浄化槽の設置義務あり（従前通り） ・既設の建物については例外的かつ経過的に既設単独処理浄化槽の使用継続を認める。ただし，合併処理浄化槽への転換の努力義務を課し，この期間に限り，撤去・廃棄費用を全額補助。 ↓ （市町村が生活排水処理計画で定める日以後） 全世帯が合併処理浄化槽で適正処理	雑排水を適正処理放流

〔筆者作成〕

かになる。「それ以外の区域」の汲み取り便所設置世帯については一部で生活雑排水を未処理放流し続ける世帯が残るが，汲み取り便所設置世帯については建物の耐用年数からして，いずれ建て替えとなるか，除却（例外的に空き家または廃屋）となるものと見込まれる。そうしたことも含め，制度の公平・公正を図るうえでは，「市町村が生活排水処理計画で定める日」は例えば15～20年程度に設定するべきであると考えられる。

この最後の経過措置期間が終了したとき，「垂れ流し人口ゼロ―国民総汚水（生活排水）処理」が完成することになる。

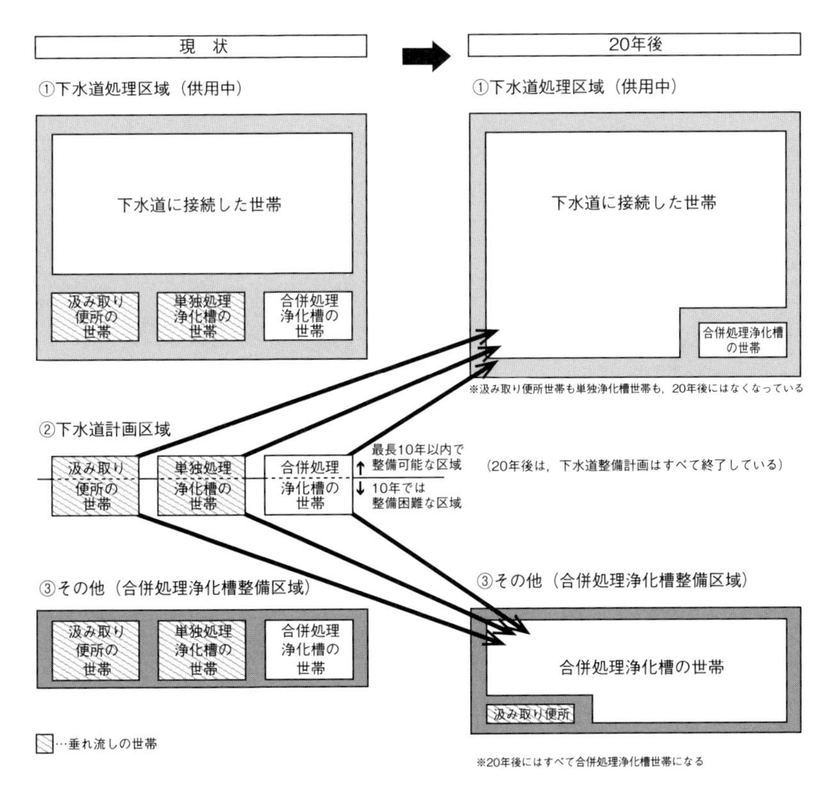

図 4-2-1 垂れ流しゼロのイメージ―現状および 20 年後

〔筆者作成〕

あとがき

全国の下水道は老朽化が進み，いよいよ更新の必要な時期にさしかかってきています。新たな環境に見合ったインフラへと見直すなら，今しかありません。人口減少が本格化するなか，漫然と“下水道ファースト”のまま生活排水処理施策が推し進められれば，引き返すことのできない「亡国への道」に足を踏み入れることになりかねません。――その危機意識を「公益信託柴山大五郎記念合併処理浄化槽研究基金」の運営委員会メンバー全員が共有し，打開に向けて広くこの問題を世に訴えるため，単行本を出版する方針が決まりました。それを受け，「『生活排水処理改革―持続可能なインフラ整備のために―』をつくる会」が設置され，編纂が進められて，このたびの発刊に至りました。柴山基金運営委員会の委員および「つくる会」の構成員は，別添に示す通りです。

公益信託柴山大五郎記念合併処理浄化槽研究基金は，合併処理浄化槽の普及に全力を傾注された故・柴山大五郎氏（一般社団法人全国浄化団体連合会初代会長）の御遺族から提供された遺産をもとに，1991（平成3）年10月に設立されました。以来，四半世紀にわたって，柴山さんの遺志を汲んで，合併処理浄化槽の技術向上と普及のための調査研究事業に資金援助を行い，「健全な水循環」の実現に寄与してきました。そして今回，持続可能な生活排水処理インフラ体系への政策提言（本書）作成に助成するという形で，世に問うこととしたものです。かかる機会を与えていただきました柴山家の皆様に，深く感謝を申し上げます。

本書は，インフラ整備にかかわる政策担当者（中央官庁，自治体，国会議員，地方議員等），生活排水処理にかかわる事業者，メディア，経済界，学校（教材として），そしてこの国の今後を考えるすべての市民に，手にとって読んでいただきたい一冊です。

わが国は，世界でも有数の難しい課題をたくさん抱えている「課題先進国」です。生活排水処理インフラの存続危機も，そうした課題の一つにすぎません。ただ，八方塞がりにみえる状況にあっても，必ず活路はあります。まずはこの分野について，先送りにせず，解決していく必要があると考えます。

【別添】

公益信託柴山大五郎記念合併処理浄化槽研究基金：運営委員会

北郷勲夫　（元社会保険庁長官）＝**委員長**
大森英昭　（元財団法人日本環境整備教育センター参与）
加藤三郎　（株式会社環境文明研究所代表取締役・所長
　　　　　　元厚生省生活衛生局環境整備課長）
喜多村悦史（東京福祉大学副学長　元厚生省浄化槽対策室長）
黒田正和　（株式会社ヤマト大和環境技術研究所技術顧問
　　　　　　群馬大学名誉教授）
佐藤　佑　（全国浄化槽団体連合会会長）
竹居照芳　（元日本経済新聞社論説委員）
眞柄泰基　（北海道大学公共政策学研究センター研究員
　　　　　　元北海道大学教授）

信託管理人
大内善一　（元全国浄化槽団体連合会専務理事）

『生活排水処理改革―持続可能なインフラ整備のために―』をつくる会

北郷勲夫　（基金運営委員会委員長）＝**代表**
佐藤　佑　（基金運営委員会委員）
喜多村悦史（基金運営委員会委員）
廣瀬　省　（公益財団法人日本環境整備教育センター理事長）
福島敏之　（総合社会保障研究所代表）

生活排水処理改革―持続可能なインフラ整備のために―

2017年3月31日　初　版　発　行
2017年6月20日　初版第2刷発行

編　者　『生活排水処理改革―持続可能なインフラ整備のために―』をつくる会
発行者　荘村明彦
発行所　中央法規出版株式会社
〒110-0016　東京都台東区台東3-29-1　中央法規ビル
営　業　TEL03-3834-5817　FAX03-3837-8037
書店窓口　TEL03-3834-5815　FAX03-3837-8035
編　集　TEL03-3834-5812　FAX03-3837-8032
http://www.chuohoki.co.jp/
印刷・製本　永和印刷株式会社

定価はカバーに表示してあります。
ISBN978-4-8058-5486-0

本書のコピー，スキャン，デジタル化等の無断複製は，著作権法上での例外を除き禁じられています。また，本書を代行業者等の第三者に依頼してコピー，スキャン，デジタル化することは，たとえ個人や家庭内での利用であっても著作権法違反です。

落丁本・乱丁本はお取り替えいたします。